RESTORING NEW YORK

修复纽约

[美] 陈世嘉 著

同济大学出版社
TONGJI UNIVERSITY PRESS

图书在版编目（CIP）数据

修复纽约 / (美) 陈世嘉著 . -- 上海 : 同济大学出版社 , 2021.8

ISBN 978-7-5608-8435-6

Ⅰ . ①修… Ⅱ . ①陈… Ⅲ . ①古建筑—修缮加固—纽约 Ⅳ . ① TU746.3

中国版本图书馆 CIP 数据核字 (2021) 第 153082 号

修复纽约

[美] 陈世嘉 著

责任编辑　吕　炜
责任校对　徐逢乔
装帧排版　唐思雯

出版发行　同济大学出版社　www.tongjipress.com.cn
（地址：上海市四平路 1239 号　邮编：200092　电话：021-65985622）
经　　销　全国各地新华书店
印　　刷　上海安枫印务有限公司
开　　本　889mm×1194mm　1/32
印　　张　5.5
字　　数　148 000
版　　次　2021 年 8 月 第 1 版　2021 年 8 月 第 1 次印刷
书　　号　ISBN 978-7-5608-8435-6
定　　价　66.00 元

本书若有印装质量问题，请向本社发行部调换

我的这本书可能是第一次有人从一个古迹维护保养实际操作者的角度与读者分享操作技巧和心得体会。我们的技术很简单，但是效果极好。书中的案例，其质量至少在纽约的修复行业中居领先地位。我由衷地希望这本书能够帮助提高整个行业的修复水平到一个新的层次。

本书从构思到成书历十一年，过程中得到许多朋友的热情鼓励和无私帮助，我诚挚地表示感谢！

陳世嘉

二〇二一年

建筑写生

The Met

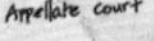

Appellate court

New York Public Library

Jefferson Market Branch Library

NYPL

St. Patrick Cathedral

目录

CONTENTS

1

纽约的古迹保护概览

AN OVERVIEW OF HISTORIC PRESERVATION IN NEW YORK

人类文化遗产和古迹保护应该成为全民自觉

人类文化遗产涵盖了人类历史活动的每一个环节，充盈着人类历史活动的每一个部分。除了文字记载以外，各类建筑的历史演变是人类活动最直接有力的佐证。对人类文化遗产的保护是一门仍在不断发展的属于人文科学的特殊现代学科。

我们现在讨论并加以实践的所有“保护”活动都起始于两千一百年以前（公元前一世纪）雅典伊瑞克提翁神庙（Erechtheum）的修缮和重建。当时负责雅典卫城（Acropolis）保护的建筑师科瑞思（Manlios Korres）做了影响深远的总结：工程的宗旨是把它“作为具有很高艺术价值的古迹来修复”。同时代发表的《建筑十书》已经对建筑的结构朝向、环境规划和修复保护有了一定的阐述。直到文艺复兴时期，重要历史建筑的修缮基本上纳入重建规划中统筹管理。十八、十九世纪以来，特别是进入二十世纪后，伴随着人类对文化遗产日渐重视，建筑师们把重要历史建筑的保护工作从“三百六十行”中剥离开来，赋予其“反映历史真实性”和特定文化相关价值的使命。第二次世界大战结束以来，饱受战争蹂躏的人们怀着对历史的深深眷恋，自觉把已经成为废墟的城市按照原样恢复起来，城市里几乎所有能出力的人都为复建贡献出自己的力量。事实证明，一个珍视自己历史的民族，一定也珍视自己城市各个历史时期的建筑，古迹修复保养工作必定相对完善。环境保护是这样，古迹保护也是这样。任何造福于全民的政策，只有成为全民的共识，才能事半功倍地获得成就。

文化遗产保护研究随着当代社会价值观的转变而不断充实，在联合国教科文组织的带领下，产生了许多相关文献，对保护工作的历史意义、指导原则、行业规范、修复工艺等做了尽可能面面俱到的解释和规定。最具权威性的文件应该是发表于 1964 年的《威尼斯宪章》（*Venice Charter*）。联合国教科文组织对人类文化遗产的保护起到了至关重要的作用，甚至界定了“人类文化遗产”的全部范围：文化遗产可以“被定义为全人类由过去各种文化传承下来的所有物质符号的集合——不管是艺术性或者是象征性的。作为对文化特性的肯定和丰富的一个组成部分，作为属于全人类的共同遗存，文化遗产赋予每一个特殊的地方其可识别的特征，是人类经验的宝库。因此，文化遗产的保留和展示是任何文化政策的重要基石。”

国际古迹遗址理事会（International Council on Monuments and Sites，ICOMOS）于 1965 年成立，该理事会旨在解决与考古学、建筑学和城市规划相关的问题，并确定遗迹和遗址的清单，监督相关立法工作。从二十世纪六十年代初开始，国际博物馆藏品保护学会（International Institute for Conservation of Historical Artistic Works，IIC）、世界博物馆协会 (International Council of Museums，ICOM)、国际古迹遗址理事会 (International Council of Monuments and Sites，ICIMOS) 和国际文物保护与修复研究中心 (International Center for the Study of Preservation and Restoration of Cultural Property，ICCROM) 举办了多次国际会议，这些会议发表了多项文献资料和保护公约。这不仅在技术层面上促进了文化遗产保护专业的发展，也强调了保护学家的团结协作和多学科的综合交叉。

联合国教科文组织的《世界遗产名录》涵括了几乎所有世界上人类文化发展进程中具有重要意义的遗址和建筑。我所接触的修复工作基本上是纽约市享有盛名的地标建筑，虽然不及《世界遗产名录》上的遗产那般历史悠远、价值深厚，但仍然是人类文化遗产的重要组成部分，作为延续人类历史的一环，随着岁月流逝，扮演着越来越重要的角色。我们所称的古迹分为“遗址”和“古迹”两大块，我们所讨论的“古迹”，是曾经被使用过的，当前仍在使用或者已不再使用但是修复后将被使用的场地与建筑。这些建筑往往历史不是十分悠久，称作“历史建筑”似乎比“古迹”更为贴切。我修复的基本上是这一类建筑，所以我的书中经常两种称呼混用。“遗址”一般有更长久的历史，能反映人类历史活动重要阶段的纪念地和物，英文中称为“relic”，中国的长城属于“relic”，埃及金字塔、狮身人面像属于“relic”，佛祖的舍利属于“relic”，出土文物也属于“relic”。

修复，纽约的经验可以借鉴

英文“conservation”的本义有“保护”和“修缮”两重含义，包含了理论的、实验室的和实际操作的整个过程。而“restoration”只是指保护工作“链”的最后一环。把理论的、实验室的工作转变为实际的结果，再把实践的结果反馈到理论中去，为所有的理论研究提供支持，使理论更贴近实际，使之有现实指导意义。在西方，建筑本是美术的一支，“建筑师”这个称谓直到意大利文艺复兴时期达芬奇、米开朗基罗造房子时还没有，而以“保护”为专门职业的“conservator（修复师）”更是直到二十世纪五十年代才被正式确立，自此有了建筑、书籍、纺织品、艺术品等包罗万象的专业保护人员。这样算起来，我有幸在 1985 年踏入这一行，还属于“先遣部队”。记得当年我参与第一个修复工程就是处于没有人懂、没有人会、没处去问、没有人愿意做的境况。我怀抱着对造型的热爱、对工具的熟悉、对正确的工序与修复质量关系的自然认知，踏入这个行业。

我自入行以来，亲身经历了纽约修复行业从小到大的发展与成长。修复材料从相对单一到现在几乎可以买到任何你想要的材料，而且有些材料已经发展到第二代、第三代了，如老建筑清洁用的除漆剂，不但剥除陈年老漆的效果极佳，而且号称是几乎无污染的环保产品。还有不但可以清除石材表面，还可以清除木料、铝合金甚至玻璃表面的控制简便、可以微调、容易操作的“精细”清洁机械。这些材料和机械的出现，当然是工业领域对修复专家不断提高的修复质量要求的反应，促进了修复行业整体水平的上升，反过来，又促进更好的材料和机械的开发。

上海和纽约很像，车水马龙，高楼大厦。我一直记得大约十年前，我走过上海国际饭店，突然发现在它的正门和边门之间的弧形墙面上，有一块黑色的花岗石墙砖的上半部斜突在墙面外，突出的那个角被有意识地切掉了不少。这本来并不是一个大问题，只要把这块墙砖取下来，把墙内的问题处理一下，再把墙砖装回去就行了。但是墙砖一旦被破坏，就需要配一块新的，不仅代价变大，更重要的是装回去的已经不是原物。我很想知道这一处后来是怎么修复的。如果有专业修复人员参与就不会发生这样的事了。

历史建筑的修复不仅仅是简单一座房子的事，而是时常和周围的环境密切相关。我们说历史建筑是历史遗存，是一种文化现象，特定的环境产生特定的文化，如果把环境破坏了，孤零零的一座房子又有什么意义呢？历史建筑好比美丽的珍珠，珍珠靠那根似乎不显眼的线串在一起，于是成了项链。历史建筑周围的环境就像是那根线，线断了就没了项链，环境没有了，历史也消失了。所以，修复往往要考虑整体性和系统性。

改革开放以来，国内各个领域的发展突飞猛进，极大地带动了各地的经济建设。为了造新的，就把旧的拆掉；为了促进旅游业，把老的往新里修；讲保护历史古迹，又打算把拆掉的造起来；说是保护历史建筑，结果打造了一个商贸中心。全国各地，同样的例子在不断重复。现在，各级政府都非常重视历史古迹的维护和保养，但是，落实到具体工程上，可能什么都不顺手，缺少专业技术人员，没有专业技术指导，缺乏修复所用的材料，遇到真正"有历史的"困难便束手无策，因此经常不可避免地出现不规范的"暴力"手段，造成不必要的损坏。

在纽约，如私立纽约大学和哥伦比亚大学，历史建筑的维护保养（Historic Preservation）专业是从二十世纪八十年代初开始建立并发展起来的，多是女生选择这个专业。我注意到，美国的古迹维护保养专业人员，不像建筑师是需要专业许可或执照的，历史建筑的维护保养讲"师承"，从哪里毕业的，毕业后在哪儿工作过，跟谁工作过，都会对职业发展有很大影响。工作以后建立了人脉，有了实际经验，三五年后就可以自立门户了，只需一台照相机，一台电脑，主要的工作就是跑工地，有许多文字工作。一个人一块牌子的小单位照样可以忙得"把脚扛在肩上"。历史建筑维护保养的实际经验是非常被看重的。

美国许多大学都有 Object Conservation 专业，培养的专业人员主要是做博物馆级藏品的维护保养，与历史建筑的维护保养应该讲是原则相同，做法有异。中国那么大，有那么悠久的历史，而现有的古迹保护专业人员的规模远远与重任不匹配，中国需要有一支至少几十万人的专业骨干队伍。

我们经常拿中国的五千年文明和美国不到三百年的历史说事。可能正是因为中国的历史太久了，几乎每个家庭寻寻觅觅都能找出点上百年的物件，对老东西就不够稀罕。美国人只要超过75年就和历史挂上了钩。大约1994年，我参加了一个大都会博物馆组织的由不同修复专业人员自愿加入的中国考察交流团，组织者做了很充分的前期工作，我们参观了许多博物馆。那时，三峡大坝建设热火朝天，还没有蓄水，蓄水区动迁，转移了一些重要遗迹“relics”，但还有许多相对不太重要的和一些无法搬移的被留在水底。有鉴于此，在与几个大城市的有关负责人座谈时，我数次提出一个建议：中国是多民族国家，各地建筑各有千秋，政府是否能有一个计划造一个中国建筑博物馆，把各地有特色的建筑包括优秀的建筑构件迁移集中到一个地方，布置起来，保存起来，既可以保护一些重要的古迹建筑，又可以把这些建筑承载的文化传承下去。这样一个大型博物馆，同时可以带动许多产业。可惜目前没有这样的计划，不免有些许遗憾。但我很高兴看到社会上的有识之士在尽一己之力收藏重建民间的明清古建筑，我把这看作是中国建筑博物馆的一部分。

“文化遗产的保护本质上是一个文化问题。”古建筑修复是一个综合工程，要做好这个工程就必须具备一定的建筑学的修养，至少要了解所处环境的人文历史及其对建筑物的影响，了解一些主要建筑物风格的来龙去脉和主要特征。因为各个民族、不同时期的不同风格主要是通过建筑物的主结构和正面的装饰体现的，各个时期的建筑直观地反映了各个时期文明发展的高度和科学技术发展的水平。这个方面有无数专家的专著论述过，不是我所能及的，但是有所了解必定大有助益。这些专著从历史溯源、自然影响、人为干预、实验室研究等各个方面，事无巨细地对古迹、遗迹保护做了大量的研究工作。古迹保护的专业方向十分明确，我也看到过少量的从理论研究者的角度撰写的修复工艺文章，但是至今没有一名维修保护工作的亲历实践者的心得经验著作问世，这不能不认为是一个遗憾。只有亲历实践者的理论参与，才能使人类文化遗产保护重视度得以提升。在我们的修复实践中，经常会问或者被问起："什么是修复的标准？"根据我的经验，没有具体标准，只有修复原则。遍布世界各地的需要保护的古迹建筑数不胜数，造成这些建筑损毁的原因千差万别，不可能也没必要制定这样的标准。但是，对古迹维护保养修复的原则已经取得越来越广泛的共识。我的认识是：在建筑外墙面的修复中，尽可能地使用与原建筑材料相同或相等的材料；尽可能地保持建筑的原设计、原结构的完整；修复过程中不使用任何明显会对被保养的建筑造成二次人为伤害的化学材料、机械手段、野蛮工艺；科学对待新材料、新工艺，尽可能地使用新材料和新工艺，以提高修复效率和修复质量；提高美学修养，整体看待和处理修复中遇到的局部问题，小规则服从大规则；使用简单有效的工艺，不要把工艺搞得很复杂，越复杂，成本就越高，往往简单的工艺效果最好；要避免用自己的习惯做法对待新问题；建议在制订当前维护保养计划时，把远期维护成本的因素考虑在内，在维护其历史风貌的同时，保证被修复的建筑能长期有效地被安全使用。

上海有一大批建造于二十世纪前叶的西式建筑，反映了那个时期的特殊历史背景，上海市各届领导一直关心重视市政改造建设中历史建筑的保护问题。借邬达克的东风，一大批洋房受到眷顾，重新焕发了勃勃生机，带动了一波修复工作的高潮。如何把这个热潮顺风顺水地向前推进，借鉴一点纽约市的做法或许会有启发。

关于纽约市的古迹保护架构

纽约市的古迹修复工程一直是在历届市政府的古迹保护委员会 (New York City Landmark Preservation Commission) 的直接领导和关心下进行的。

纽约市的古迹保护委员会成立于 1965 年，和国际古迹遗址理事会在同一年成立。纽约市的古迹保护委员会一共有 80 名成员，其中 11 名是由市长指定的，其余成员包括专业修复师、建筑师、历史学家、考古学家以及委员会的工作人员，是美国最大的同类组织。该委员会担负了制定纽约市古迹保护的规则和指定受保护的古迹建筑清单的重大责任。从那以后，纽约市一共有超过 37000 栋古迹建筑分散在纽约五个区的 149 个历史保护区域中，受到保护的还包括 1439 个独立单位，120 个室内古迹和 11 个风景胜地（图 1）。经超过半个世纪的运作，纽约市的古迹保护已经步入正轨，法规健全完整，操作程序清晰，专业人员充足，经费相对充裕。整个古迹保护行业的运行平稳有序。

纽约市专门有一部《行政管理法典》（*Administrative Code*），《古迹保护》是其第三章，一共有 22 条 229 款细则。

22 条的内容依次简述如下:

1.（关于古迹保护的）公共政策的目的。这一条开宗明义地说明为什么要制定这样一部法律。

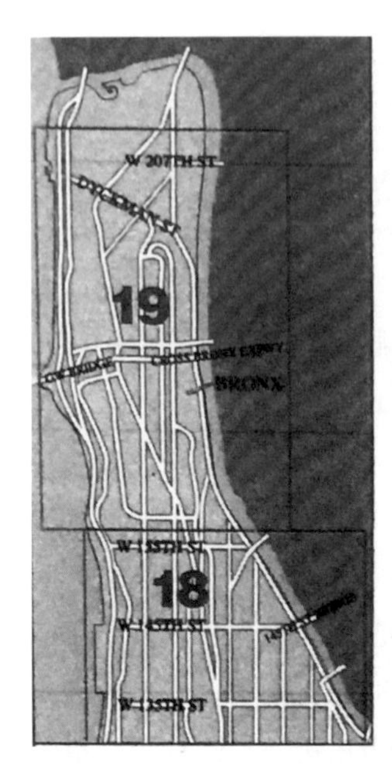

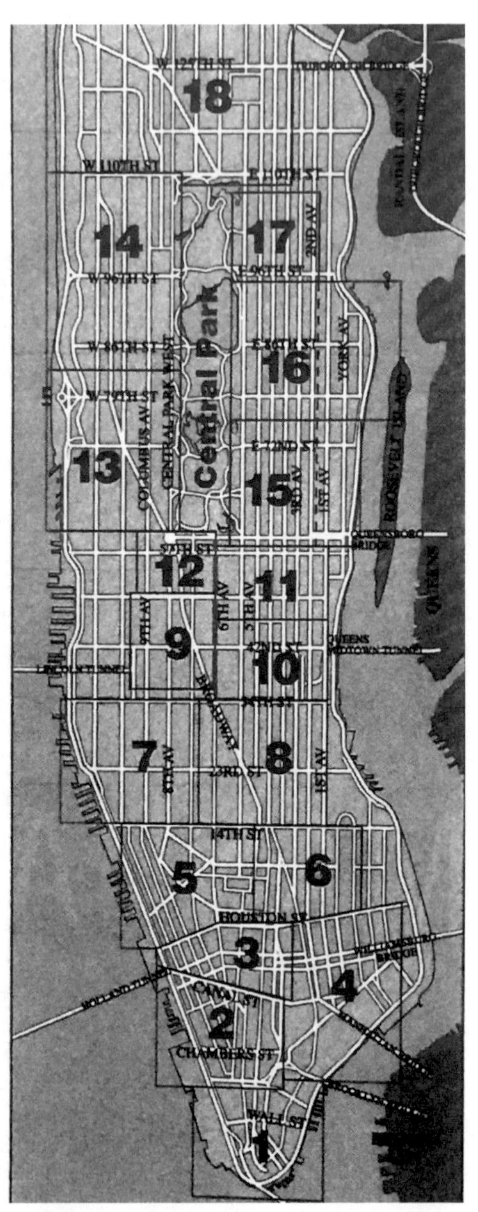

图 1
纽约市古迹地图局部

因为注意到本市许多维修工程涉及知名人士故居、有特殊历史意义的建筑和区域、最好品质的不同风格的建筑物和有特殊观赏价值的风景名胜，作为世界旅游中心和世界商业首都之一，纽约如果没有对这些建筑的文化和历史有足够的尊重，将无法胜任维护保养工作并继承这些人类文化遗产。

所以基于对公众的健康、繁荣、安全和福利的考虑，制定这些公共条例以保护、美化、永远保存和使用这些历史遗产。目的在于保护和永久保存这些反映了纽约的文化、社会、经济、政治和建筑历史的元素；稳定和提高这些历史区域历史建筑的地产价值；提高公民的荣誉感；提高对游客的吸引力和游客对城市的支持度，刺激商业和工业活力；巩固加强城市的经济地位；鼓励本市群众把历史古迹以教育、娱乐和福利的目的加以使用。

2. 定义。这是对每一个可能在修复文件里出现的词组的法定解释，按英文 26 个字母顺序排列，一共有 63 则。

比如，“改建（alteration）”的定义是“涉及任何城市房屋建筑部门规定的改建行为”。市政府的房屋局对改建早在建市之初已有明确的定义，古迹保护委员会继续执行。

再比如，“市政府资助的工程（city-aided project）”分四条来具体解释四种特定情况：这个工程除非得到一个或一个以上单位或具体经管人员的批准，否则不得动工；工程结束以后，这个地产将由除纽约市以外的任何个人拥有完整或部分产权；这个计划中的工程将完全或部分使用和市政府有联系的奖金、贷款、津贴、补助，或者利用市政府的力量征用，或者得到了政府的税率优惠减免；位于历史保护区域里的建筑。简而言之，除非这个工程不处于古迹保护范围之内而且是完全自费的私人地产，其他任何符合上述四种特定情况之一的工程都属于“市政府资助的工程”。

又如，什么是“历史保护区（historic district）”？任何地区如果有名人或者有历史的或审美的特点和价值；代表了城市发展历史中一个或者多个时期的建筑风格和区域；城市里因为历史中一些特殊时期、特定条件下形成的和其他区域有明显区别的区域；以及根据本法典的条例已经被指定的历史保护区域。

3. 古迹、古迹范围、室内古迹、古迹风景区和历史保护区域的确定。这条解释了确立这些名称的具体过程和手续。

4. 市古迹保护委员会的权力范围。

5. 建造，重建，改建，拆除条例。

6. 工程的开工许可。每一个在市古迹保护委员会保护建筑名单上的建筑工程，必须得到这份许可方可开工。这份许可上方的长方形框里，依次注明了许可颁发日期、有效期、申请号、工程号、工程地址和范围、区名、地块登记号码、所属历史保护区域。

7. 颁发开工许可应该考虑的因素。

8. 申请开工许可的步骤。

9. 申请对古迹建筑的一部分进行拆除、改建和重建的许可。

10. 小型工程管理条例。

11. 保护建筑的维护保养和维修。

12. 危房改建。

13. 公众听证会。

14. 许可证有效期的延长。

15. 关于古迹保护委员会的决定的通知。

16. 传送申请书和许可证到市其他有关部门。

17. 对犯罪活动的打击和罚款。

18. 委员会所做的有关计划中工程的报告。
19. 有关条例。
20. 调查报告。
21. 本规定的适用性。
22. 通告，出租通告。

尽管纽约市的古迹修复工作难免还会出现一些小问题，但是总的来讲有法可依，很少有纠缠于某种现象的情况。

据记载，纽约市第一栋被指定为古迹的建筑是位于布鲁克林（Brooklyn）的一栋小小的木结构平房。平房的一部分可以追溯到 1652 年，它也是整个美利坚合众国有记录的最老的房子。这栋房子的原女主人是一名 1625 年出生在瑞典的生意人，名字叫彼得·克拉艾森·维克夫（Pieter Claesen Wyckoff），她死于 1695 年，在纽约的布鲁克林和长岛一带非常有名。据说现在那附近甚至全北美地区冠维克夫姓 Wyckoff（图 2），包括各种变体姓的人，都可以溯源到这个家族。

图 2
图中为一块布鲁克林区维克夫街名的路牌

图 3 这块古迹铜牌是钉在纽约州最高法院上诉法院小楼墙上的。文字翻译出来的意思是："这座纽约州最高法院上诉法庭，专为听证纽约和布朗士区的民事和刑事上诉案例。由詹姆斯·布朗·劳德设计并于 1896 年 6 月选中，建造花了 4 年时间。这座建筑的特征包括其壁画与雕塑。1954—1955 年，建筑外墙被整修过；1956 年，建筑内部被整修。这块铜牌是 1977 年安装的。"

纽约市每一处重要的被确定为受保护的独立古迹建筑，都会被钉上一块统一规格的铸铜牌（图 3），铜牌上明确说明这座建筑受保护的原因。要被定为纽约市古迹建筑，可以是通过古迹保护委员会发现指定，也可以是产业的拥有者自己向委员会提出申请、列举理由，委员会研究批复，有一套明确的评判标准。并不是只要提出申请就会被批准，反过来，也不是被指定的就会乐意接受。

之所以不愿被指定为受保护建筑，是因为一旦被定为受保护的古迹建筑，在维修上就会受到许多限制。第一，外观绝对不能改变，一切均以批准时的外观为准，包括颜色、建材、风格、外形尺寸，但是如果这栋建筑在批准时已经不是最原始的设计了，那么在将来修复时很可能被要求按照最原始的设计改回去。曼哈顿有很多大楼，在二十世纪六十年代跟风赶时髦，把好好的老的装饰改掉，贴上发亮的大理石板，现在大楼整修，又逐步一栋一栋地按老的设计改回去。第二，维修保养的计划必须报批。这个过程有时会拖得很长。委员会 80 名成员是来自各专业的，只要有人有不同意见，不能达成共识，就可能一拖再拖。此外，这些成员权限很大，事情极多，每个月却只有一次全体会议。纽约所有建筑的外墙维修都要事先取得市房屋委员会的开工许可，而古迹保护建筑的维修除了房屋局的开工许可以外，还要有市古迹保护委员会对修复计划的认可，包括步骤、材料、工艺、门窗的生产厂商。从 1978 年开始，美国最高法院裁决，古迹保护委员会有权对违规行为开罚款单。碰到未经许可私自开工的，他们有权对违规业主开罚款单，或者命令其限期改正。当然，凡事均有例外，有时候也要看具体工程，是谁负责。有许多政府拥有的地标古迹，修复时得到上级的资金支持，工程中就要遵守上级的规则，上级派来的工程技术人员有权拍板，真是“鼻梁大，压嘴巴”。一些平时坚持的修复原则让位于“政治正确”也有可能。纽约市政厅南面的百老汇大道上有一栋产权属于市交通委员会的老房子，原来所用的红色砂岩来自大不列颠岛，因翻修时得到了联邦政府拨款，于是就由一个为联邦政府负责的建筑师作为工程总监。负责具体工程的纽约当地建筑师想用英国的同一个矿场的材料（这本是一条修复原则），总监却要他使用美国本土产的红色砂岩。联邦的原则当然是无可争辩的，就是支持本国的商业行为。第三，被指定为古迹建筑后，出让的价格和购买意愿都会受到影响。一般不允许推倒重建。如果有开发的可能和要求，原建筑的正面一定要保存，加盖的部分一定要从原建筑的表面退后 10 ～ 15 英尺。第四，委员会对做修复的工程队有一定的专业要求，对工程公司、做门窗的公司和其他一些专业公司都有一个预选名单。他们会向业主推荐名单上的公司。这样一来，价格一定会高出不少。

纽约市内有不少建筑同时挂了联邦政府古迹保护委员会和纽约市古迹保护委员会的牌子，还有很多建筑只挂了市政府或联邦政府的一块牌子。纽约市对联邦政府古迹保护委员会的保护建筑没有发言权，一般在受保护的等级上挂联邦政府古迹保护委员会牌子的建筑不比挂市古迹保护委员会牌子的来得高。一个古迹修复项目通常只有一级委员会主导，全在于经费是从哪里来的。纽约市大都会博物馆同时挂了市古迹保护委员会和联邦政府古迹保护委员会两块牌子，早几年翻修门前的大台阶就是联邦政府拨的款，所有条件就必须符合联邦政府的规定，主要的工程负责人也是华盛顿派来的。

纽约市还有一个私人非营利的古迹保护机构 (New York Landmark Conservancy)，起着市古迹保护委员会助手的作用（图4）。该机构的宗旨是“献身于对纽约重要的（古迹）建筑的保护和使之重新充满活力，投入使用”。他们能够对古迹的修复给予技术、工艺和经费方面的支援，同时也主导一些规模不等的古迹修复工程。该机构每年举行两次颁奖仪式，一次是针对完工的修复工程颁发奖状，我的公司拿过五六次；另一次更正式一些，有筹款年会的意味，奖项也高一个级别。

纽约市还有一些更低一级的“区域级”（有别于五大区）的古迹保护机构，都是私人非营利性质。纽约的几个大型公园各有

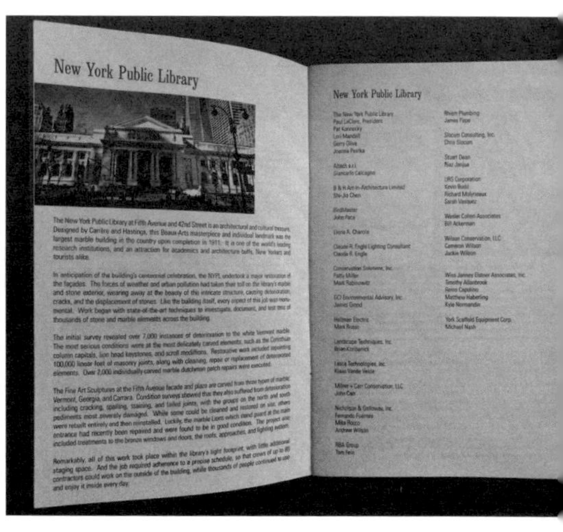

图 4　私人非营利的古迹保护委员会印制的每年的颁奖名单，介绍了得奖工程和所有施工单位，这份名单是 2011 年的，打开的第一页介绍了纽约市公共图书馆，第三位就是我的公司

自己独立的保护委员会，比如曼哈顿的中央公园有“中央公园保护委员会（Central Park Conservancy）”，布鲁克林的远景公园、布朗克斯的纽约植物园等都有各自的保护委员会，都只对所属的公园负责，修复工程无需另外报批。

修复工程的经费一般有三个来源。第一个来源是本单位的预算，比如教堂、图书馆。教堂是私人机构，经费都是信徒捐的，也可能从政府的古迹修复部门取得一些资助。图书馆是有政府背景的私人机构，有望得到部分政府拨款，但是大部分还是需要向私人基金会进行募款。纽约的博物馆大多有私人基金会长期资助，比如大都会博物馆，前两年资助单位中的一个基金钱全部用完了，而新的不足以填补缺口，于是引发了一阵人力部门的紧张运作。博物馆的工程，视其重要程度，可以从联邦、州和市政府申请全部或部分经费。法院类政府单位的修复工程经费，就直接由财政拨款了。我们做的工程就是这几类。在大多数的情况下，我们以分包单位的身份介入，因为一个工程往往包括了许多方面，我们的工程只是其中一个小部分。如果遇到内容单一的修复工程，我们也有和业主直接打交道的情况。我们的工作绝大多数是建筑师（代表业主）、总承包公司直接给的，这是因为他们相信我们的能力。纽约的工程发包时，对承包公司都有一个基本的经验要求，比如“要在过去五年内做过类似（分量）的三个工程”。许多次，我做的工程都是一生难得一遇的工程。纽约的修复行业很繁忙，大大小小的公司多如牛毛，绝大多数的政府工程都需要投标，政府规定要选价格最低的标。从我入这一行以来，人工费用不断上涨，最低工资从 6 美元 / 小时上升到了 15 美元 / 小时，而行业工会的工资标准，比如建筑业的，都是八九十美金一小时了，石灰石在二十世纪九十年代时大约每立方英尺 100 美元，现在没有 250 美元不行。最厉害的是不得不买的各种保险，九十年代三五千美元的保险费用现在暴涨到至少十万美元。可是业主仍然要求报价一低再低，可无论多低，总有人比你低，这样质量就会成问题。据说现在市政府也看报价是否在合理范围内，而不是仅仅比谁的报价低。

在纽约艺术研究者联盟的日子

THE DAYS AT THE ART STUDENTS LEAGUE OF NEW YORK

纽约艺术研究者联盟（The Art Students League of New York，ASL，简称“联盟”）成立于 1875 年，以前我们总是把它翻译成“纽约艺术学生联盟”，这显然在无意中贬低了这所“学校”至少是在美国美术教育界的地位（图 5）。“联盟”是当时应国家设计学院（National Academy of Design) 的教学和艺术爱好者的双重需要，为了向他们提供长期专业而又不那么拘泥于正规教学内容的学习环境而成立的。从成立以后，有不少当时很有影响力的艺术家在那里担任过教学职务，比如画家汤玛斯·伊肯斯和雕塑家欧古斯塔·圣高登。还有一些艺术家在这所学校开始了他们精彩的艺术生涯，其中最出名的要数年轻的波洛克（Jackson Pollock）和乔奇·奥其夫（Georgia O'Keeffe）。不少知名画家、雕塑家穷其一生在此任教，甚至有超过 50 年的，他们为新一代艺术家的成长呕心沥血，死而后已，贡献了毕生精力。譬如法兰克·度芒特 (Frank DuMond) 和乔奇·布里奇门 (George Bridgman)，他们教了四十五年解剖课，超过 7 万名学生受益于他们的讲解；布里奇门的继任人是罗伯特·比佛利·海尔（Robert Beverly Hale），我去“联盟”的时候他已经是一位步履蹒跚的耄耋老人。而他能被称为“继承人”就是因为他追随了老师一生，不离左右。上课时他以班长之责管理老师的课堂，无微不至，直至老师去世，才继任这个班的教学指导。海尔先生也有一个继承人，于海尔先生身后担负起这个教解剖学的班。还有教油画的法兰克·梅森 (Frank Mason)，他是度芒特的继承人，我也选修过一年他的课。在我的印象里，他的法国田园风景画是那种古典风格。他最喜欢用一支扇形的笔把天空的云或女人的脸或鸡蛋刷得浑然一体看不出明显过渡，他喜欢用粉红色画天空，甜甜的。梅森先生也任教 50 年了，他的课上有不少学生跟了他二三十年。我的雕塑老师从十七八岁就开始跟着她的老师霍赛·迪·克莱夫特做雕塑，霍赛从二十世纪三十年代就在那儿带雕塑班，一直到七十年代他教不动，才由他的学生也是我的老师古蕾特接棒。我去学习的时候，古蕾特已经年近半百。算起来他们的一辈子都交付在“联盟”的画室里了。最近我去学校才知道古蕾特已经退休了。其他教了几十年的画家、雕塑家还有不少，这样的情况在其他学校是根本不存在的。学校有超过 25000 件永久性的艺术收藏，因为这些曾经任课的艺术家和学生而大放异彩，其中不乏博物馆级的大师精品，这些艺术收藏同样是人类文化遗产不可分割的组成部分（图 6）。

图 5 纽约艺术研究者联盟的徽章

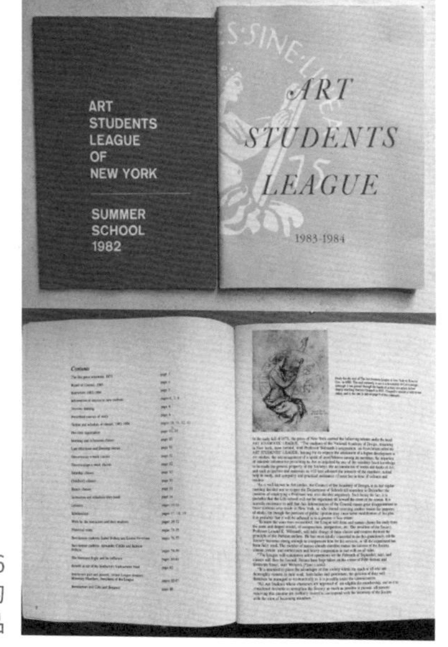

图 6
1982 年夏季班和 1983—1984 全年的
ASL 目录，内页中刊登了我的作品

“联盟”从国家设计学院独立以后就在第五大道夹第十六街处租了房子作为画室。学校提供许多西方传统美术种类的灵活多样的课程选择，大受活跃于纽约艺术领域的专业艺术家和业余爱好者欢迎，会员人数的快速上升使得管理层不得不考虑更大的空间以适应需求。1889 年，“联盟”联同美国艺术家协会（Society of American Artists) 和建筑师联盟 (Architecture League) 共同发起成立了美国美术协会（American Fine Arts Society)，在位于卡内基音乐厅（Carnegie Hall）的斜对面觅得一块不大的地皮，由建筑师联盟会员亨利·哈登堡（Henry Hardenbergh）设计，建造了现在位于西五十七街 215 号的纯法国文艺复兴式的精致小楼。相当一段时期内，卡内基音乐厅周围是纽约时髦的文化中心，直到新的林肯中心建成对外开放，至今那里周围还有许多画廊。1892 年，这栋小楼落成，成为美国美术协会的总部，同时容纳了美国艺术家协会、建筑师联盟的办公室和纽约艺术研究者联盟的画室，一直到二战期间才由“联盟”独用。现在，西五十七街 215 号不但是纽约市的古迹保护建筑，也被列入了国家历史建筑的名录。

这所学校不同于任何其他正规和非正规美术学校。因为它的历史和声誉，它往往是那些希望提高美术修养和技能来充实自己的美术爱好者的首选。学生们的年龄跨度很大，课堂里经常三代同堂。学生中有像波洛克那样满怀热情、期望以美术作为自己终生奋斗事业的年轻艺术家，也有退休以后到学校来，面对大理石、泥巴、石膏、黑核桃木，或者是漂亮的模特，把自己从过去日常工作中完全解脱放松下来的医生和律师。学校并没有严格的学分学位制度，却被移民局授权可以向外国学生颁发入学许可（I-20）。外国学生入学以后只要按照美国移民局规定上满课时，学校就会出具学业证明（图 7）。

THE ART STUDENTS LEAGUE OF NEW YORK
215 WEST FIFTY-SEVENTH STREET
NEW YORK CITY 10019

NULLA·DIES·SINE·LINEA
1875

Certificate of Completion
THIS IS TO CERTIFY, THAT
Chen Shijia
has successfully completed the
PRESCRIBED COURSES OF STUDY
consisting of a four-year program of classes in
Fine Art Sculpture
leading to a Certificate of Completion given at
The Art Students League of New York
at 215 West Fifty-seventh Street, New York City
on the 31 day of May in the year 1987

PRESIDENT OF THE ART STUDENTS LEAGUE OF NEW YORK

EXECUTIVE DIRECTOR OF THE ART STUDENTS LEAGUE OF NEW YORK

图 7 我的学业证明

我于 1980 年 4 月拿着入学许可到学校报到，学校门口飘扬着的校旗告诉每一个经过的人，这所学校已经有 105 年历史了。办公室里没有人听得懂我从《英语九百句》里学会的语言。我手舞足蹈，他们却不得要领。一头雾水中有人想起学校里唯一会讲中文的一名台湾来的女生，就请她来做翻译。有了翻译，我报到就没费什么口舌，第一门课也自然而然地选择和这位台湾女孩同一个课堂。学生选课主要是选老师。学校有所有老师的介绍，可以看到老师的风格和学生的水准。我初来乍到，既不认识老师，也不清楚什么风格，第一课只要可以听人讲话就行了。实际上我的第一个老师是一位很受欢迎的老头，叫马赛尔·格雷沙（Marshall Glasier），他的风格很特别，只画大线条，有动态，没有细部。学生使用的是一个大画架夹着一

图 8 我在格雷莎课堂的习作

块大约 3 英尺宽、5 英尺高的三合板，成卷的白报纸拉出来夹在三合板上面，用铅笔粗细的木炭条，端详一下模特，然后在白纸上画一道线。这种画法实际上是对总体布局的练习，模特每个动作约维持 20 分钟。我很快就适应了这个画法，老师很满意我的进步，没有少称赞我（这是我猜的，因为我听不懂他们说什么，当听不懂别人的话时，最好是认为人家在讲你的好话）。“联盟”的课业安排和大学无异，同样是 5 月底结束，9 月初开学。一个月后，学生们开始申请下学年的奖学金，老师主动拿着我的习作（图 8）帮我争取到了一份奖学金。按照规定，学生一定要上课满 3 个月以后才有资格申请，我才上了 1 个月，本来是没有资格申请的。没有格雷沙的帮助，我就拿不到这第一份奖学金。

但是第二学期我并没有继续跟着格雷沙上课。老师还让那个台湾女孩问我原因，我解释说因为我想多一些解剖方面的练习，肌肉骨骼类的。后来回想在格雷沙班里上课的情景，我觉得那一个多月的经历实际上对我很重要，格雷沙的训练对我具备“抓大关系”的能力很有好处，不但对艺术实践，对我以后的工作也一样。这是一种具有“纲举目张”作用的训练。

纽约艺术研究者联盟的小楼一共有 5 层——地下 1 层、地上 4 层，有电梯可以上下各楼层。地下是雕塑工作室和图书馆，几乎每一楼层每个教室都有储物箱。雕塑分泥塑和雕刻，包括木雕和石雕，还有空间可以使用石膏。一楼从大门进来，依次是右边的办公室和左边专卖艺术用品的小店，往里面是三个教室，一般这些教室都用来上素描课。格雷沙的教室当时就在右边，走廊到头，很宽大。二楼是画廊和一间素描教室。画廊绝大部分时间展出的都是各个班的学生作品，对公众开放，精明的人经常会去看不同的展览，可以用很低的价钱买到有保值潜力的作品，譬如，波洛克当时的作品。展出最好的时间段是在每年的感恩节前到新年，如果没有特殊情况，一般是油画班和雕塑班的展览。三楼是三间版画教室和一间咖啡厅，两个搞石板的一个搞铜板的，曾经有好几个国内来的学生在版画班学习。四楼有三间教室教授油画和素描。由于学校分上午班、下午班、晚上班和周末班，因此除了二楼、三楼和地下，一楼和四楼的教室都不是固定使用的。

我离开格雷沙的班以后，曾经在汤玛斯·福格迪（Thomas Fogarty）先生的班待了一个月。福格迪先生绝对是教艺术解剖的顶尖专家，他有一个继承人，还有一本著作《艺术解剖》，一指多厚的精装本，学校的小卖部有售，我不惜血本买了一本。但是后来我觉得他过度强调某一局部，不符合我的需要，于是又换到格斯太弗·莱堡格 (Gustav Rehberger) 先生的班，直到我离开学校。莱堡格先生是联邦德国（那时候民主德国和联邦德国之间还有一堵墙，没有统一）的插图画家，他的风格强调肌肉，一支棕色粉笔，横用竖用，游龙戏凤，很出效果。1985 年他的班习作展览，我的作品（图 9）分别被一对联邦德国来纽约旅游的父女和一对来自弗吉尼亚的母女看中。两个德国人高大体面，女的穿上高跟鞋后超过一米八，很漂亮。那个德国父亲说，他们在离开纽约前想带几幅画回去。他们之前看了所有美术学校，没有满意的，这里是最后一站，没想到看中了我的画。他们很高兴，我也很高兴。我觉得很有意思，德国人来美国买了中国人的画，而这个中国人的老师也是一个德国人，一个不大不小的“圆圈”。历史就是由这样大大小小的圆圈“套”起来的。当我从墙上取下我的素描的时候，发现画的背后有一张纸条，写着：“我们很喜欢你的画，请你替我们保留着，我们回来找你。”我没有仔细看，傻傻地问德国父亲：“是你留的纸条吗？”他完全没有犹豫，点点头说是的。第二天，那对弗吉尼亚母女来找我，我才知道搞错了，这是一个愉快的误会。于是我以同样的价格多给了她们一张画，皆大欢喜。那个女孩回家后还寄给我一张照片，我的画被装在画框里挂在她的床头墙上。有人告诉我说，在我之前，学校还没有在班展上售出过学生的素描作品。我不敢奢求有生之年还会看到自己的这几幅习作，但是也说不定，谁知道会不会又是一个圆圈呢？移民局规定外国学生必须一周上满 7 个半天的课，我上了 10 个半天，就是 5 个整天。每天早上签到上素描课，下午上了一年梅森（Mason）先生的油画课。过去我没有接触过油画颜料，开

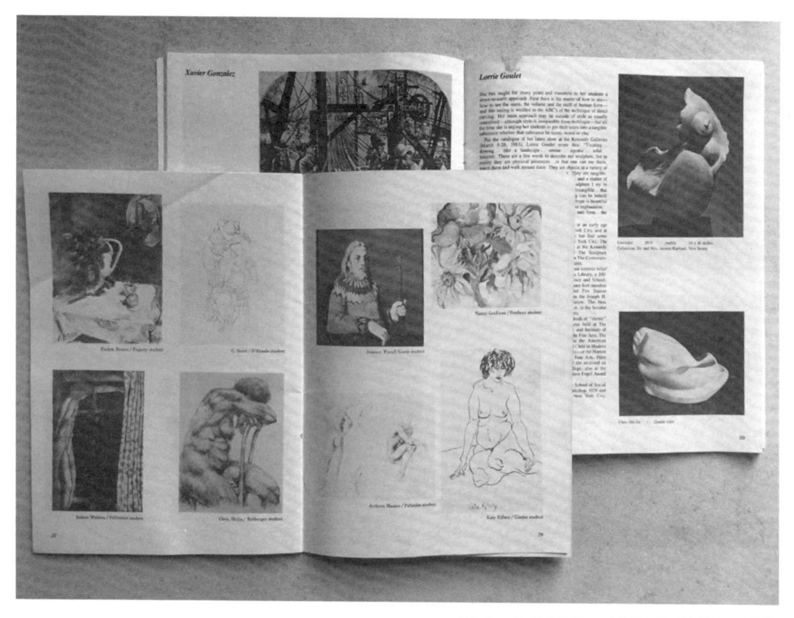

图 9 我的习作，收录在学校目录中

始有点怵，硬是先画了 3 个月素描。直到梅森先生不高兴了，说：“在油画班里画什么素描？！”我才开始用油彩。梅森先生每周来一两个下午，习惯在班长或者他看得上眼的学生的习作前做示范，对其他学生只是走过路过稍加指点，算是没有错过。学期将近尾声，又是申请奖学金的时候了。有一天，梅森先生突然在课堂上对我的素描大加称赞。我有些吃惊，因为他也是奖学金的评审，他看到我用来申请奖学金的素描作品了。过了两个礼拜，他坐在我的油画习作前作示范讲解，那确实使我受宠若惊。不过，我仍然觉得自己对色彩的感觉不如动手的能力，于是，1981 年秋天我又转去雕塑班学习。后来，我才知道梅森老师在课堂上没

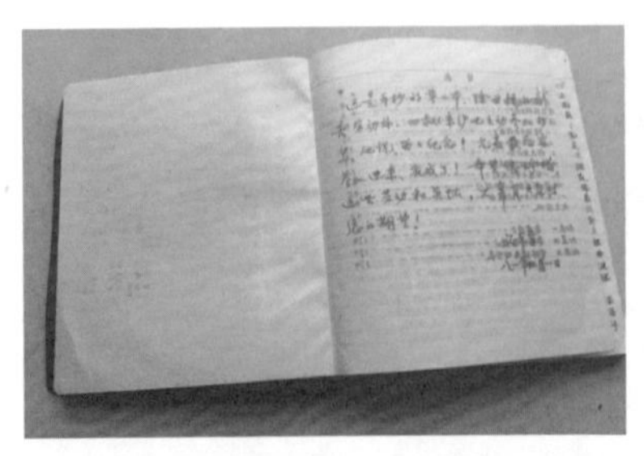

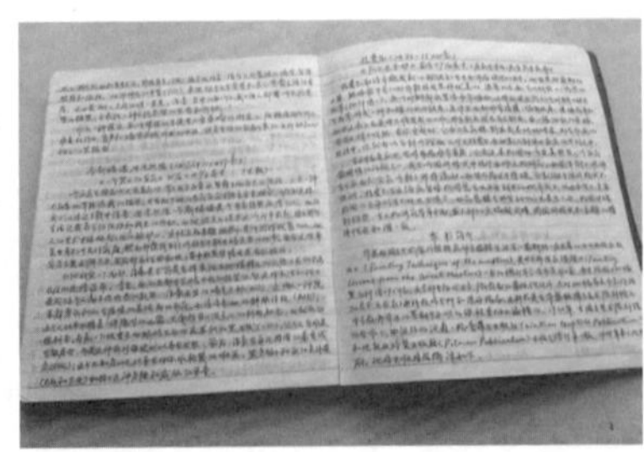

图 10 手抄本《大师绘画技法》

图 11 我和古蕾特老师，中间的木雕作品是《爱》，材料为枫木

有少称赞我，转班以后他问过我两次，知道我转去雕塑班才稍微释怀。我远在天边的父母因为我转专业大为光火，觉得我又犯了见异思迁的老毛病。其实他们生气的原因主要是我母亲为了支持我学习油画，花了许多时间手抄了一本《大师绘画技法》(*Painting Technique of the Masters*，图 10）。我母亲认定我在艺术上是有天分的，抓住机会帮助我。她看到我随便改了专业，要我父亲写信教训我。其实，他们只要先问一问，事情很容易理解。不怕见笑，我当时的主要理由是，中国的油画艺术已经与世界水准相当了，我半路出家，要想超过陈逸飞、陈丹青不容易，而中国的当代雕塑水准与世界水平还有距离。我认为自己动手的能力不弱，无疑更有信心瞄准雕塑艺术。我今天还是认为我应该努力去成为一个雕塑家的。

我的雕塑课的老师是劳蕊·古蕾特（Lorrie Goulet）女士，她当时将近 50 岁（图 11）。据说她少女时代就在“联盟”学习，她的老师是后来成了她先生的相当有名气的霍赛·迪·克莱夫特（Jose De Creeft）。克莱夫特先生和毕加索是同时代的人，大都会博物馆收藏有他的作品。在他去世以前，每年五十七街上的一家画廊都会替他安排一个展览，我老师的作品也会在一起展出。有次，老师请我们参观他们的工作室，那时候克莱夫特先生已经九十多岁了，早已不能工作。我见到他的时候他躺在床上，上半身下面垫了高高的枕头，嘴张得很大，眼睛似睁非睁。他的床离门很近，我觉得他偌大的眼球微微转动了一下。老师说他都知道。我非常佩服克莱夫特先生，他的作品已经是随心所欲，什么东西都可以用于艺术创作，想象力天马行空般没有限制。我记得他有一件作品，用一只自行车的钢圈将十多只弹簧连在中间的一块开口的长方形的铁片上。我一时不明白，问同去的班长，班长回答说："浦西"。古蕾特女士的雕塑风格部分像她的先生，但是远没有到随心所欲的程度。

世上的艺术作品就像人的基因一样，都是遗传因素使然，也许某一天会"突变"，但是突变是许多因素长期互相作用的结果。实际上大师的不同之处就在于把自己融入了艺术创作之中，渗入了突变基因，自己就是作品的一部分，所以周围的任何东西都是创作的素材。大师就是大师，当我们还在纠结要用什么材料做什么题材的作品时，大师已经什么都入画，什么都是艺术。艺术家表达的是共性，大师展现的是个性。大师的突变基因是与生俱来的。我经常看到艺术家们探讨艺术理论问题，我认为不必。艺术家应该沉浸在自己的艺术世界，把艺术理论留给研究艺术理论的那群人。艺术，是人们用来表达、宣泄艺术家个人情感和认知的一种手段，是非常私密的，不管是油画、国画、雕塑、摄影、装置、版画，还是其他什么形式，只是个人随机选择的一种手段。只要有人群存在，艺术就不会式微，手段反而会更多样。美是艺术与生俱来的功能，目的就是为了取悦观众。将对大自然的赞美和对道德的升华用画和书法的形式表达出来，中国人的祖先远远走在世界的前面。人们对美的标准有一个宽泛的大概一致的理解，不同的仅仅是技巧。

我在古蕾特老师的班上第一学期选了泥塑课，对着模特做，因为我觉得自己需要这样的基础训练，和画素描一样。不久后的一天，老师对我说，你可以去搞石雕了，不要再做泥塑了，再做就是浪费时间。我的第一个石雕作品是一只扶着皮球的长毛小狗（图 12），用的是别的同学报废的石灰石，这也是我后来做修复

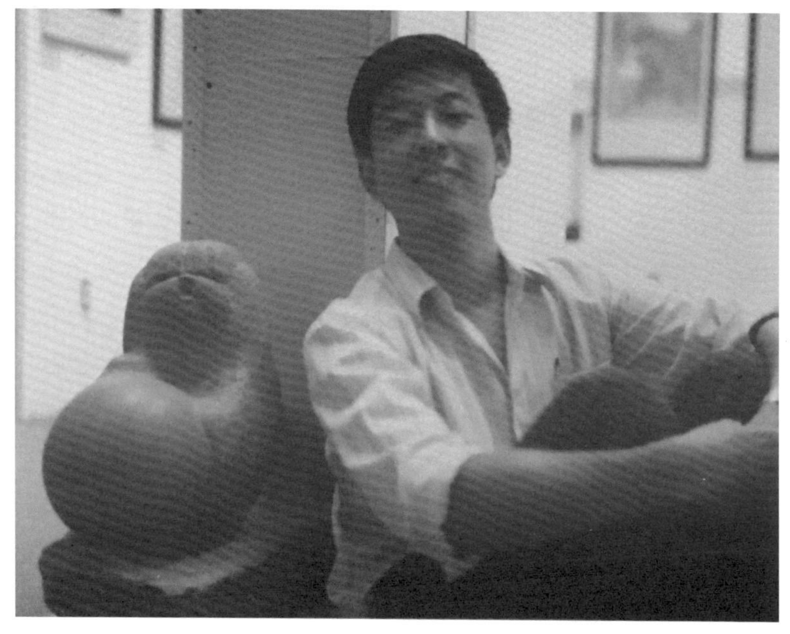

图 12 我和雕塑作品《小狗》

接触最多的石材，很软，很容易处理。我一个礼拜就完成了，小狗扶着球，面朝前看着。我觉得我雕刻得太快了，因为开始新的作品就要买材料，我实在囊中羞涩，于是又花了一个礼拜把小狗的脑袋朝旁边扭了一点，就成了现在看到的那样。这个作品一共花了两个礼拜，古蕾特大为称赞。第二件雕塑我开始使用大理石作为材料，主要原因在于可以雕得慢一些。多少年以后，我还听以前的同学讲不少人记得我，“Chinese，very fast！（中国人，非常快！）”因为我动作快，给我后来的工作带来很大便利。

我一直想创作“一个动作的动态瞬间”的雕塑。第二件石雕作品就是试图表达美式足球比赛中的一个场面。镜头定格在跑垒的运动员面部，两个试图阻止他的运动员只剩被虚化了的动态轨迹（图13）。老师把这件作品放到了学校下一年的学校目录中。过了几年我又做了一件《最后一击》，是一个拳击手大力挥出一拳的形态，用的是比利时黑大理石，拳击手的右臂在出击动态中。这件作品在1986年纽约国家艺术俱乐部 (The National Arts Club) 举办的来自纽约八所艺术院校学生作品比赛中拿了第一名（图14）。之后我又创作的几件作品都是运动题材的，因为只有运动题材才有激烈的动态，比如《灌篮》（图15），我比较满意，但表现垒球的《冲垒》（图16）、摩托车的《骑士》（图17），却都强差人意。后来我又试着用泥塑铸铜做了《撑杆跳高》（图18）和《链球》（图19），反而效果很好。主要原因在于摆脱了材料的尺寸限制，石雕的材料形状已经被限制住了，没有额外的发挥空间，而泥塑就不存在这个问题。特别是《撑杆跳高》，通过把运动员的体形适当变形拉长，用运动员越过横杆前后的四个连续动作来表现这项运动与众不同的特质，跳开了老套的表达构思，作品显得灵动飘逸，令人耳目一新。这件作品只有26英寸（66厘米）高，只是一个模型，设计高度应该是6～7米。作品做好以后正值中国申奥成功（2005年），各方各面都摩拳擦掌，我注意到北京有为征集奥运场馆室外雕塑的竞赛，就以《撑杆跳高》参赛了。

我另外还特地为这个竞赛创作了一个大型喷泉，名为《交往》，副标题是“假如地球是平的”，主题是表现人与人、地球人与外星球生物的互相接触、逐渐加深了解的愿望（图20）。主体设计是一个缓慢转动的直径20米的弧形圆盘，上面有家（包括“生”

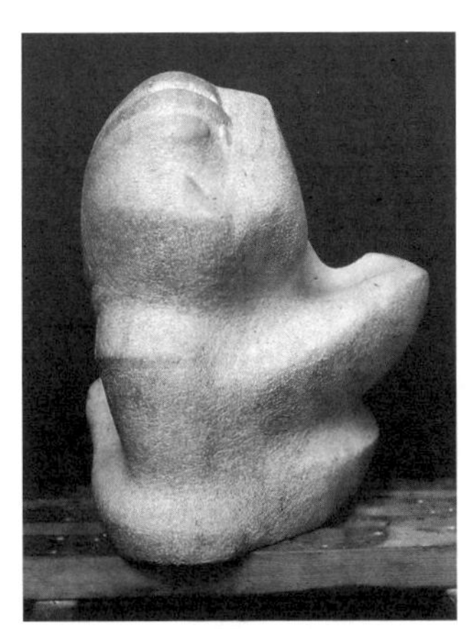

图 13 雕塑《美式足球》

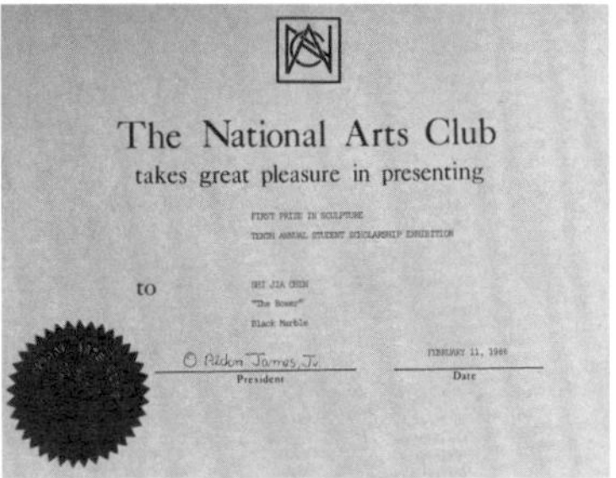

The National Arts Club
takes great pleasure in presenting

FIRST PRIZE IN SCULPTURE
TENTH ANNUAL STUDENT SCHOLARSHIP EXHIBITION

to

[illegible]
"The Boxer"
Black Marble

O. [illegible] James, Jr.
President

FEBRUARY 11, [illegible]
Date

图 14 雕塑《拳击手》和获得的奖状

图 15 雕塑《灌篮》

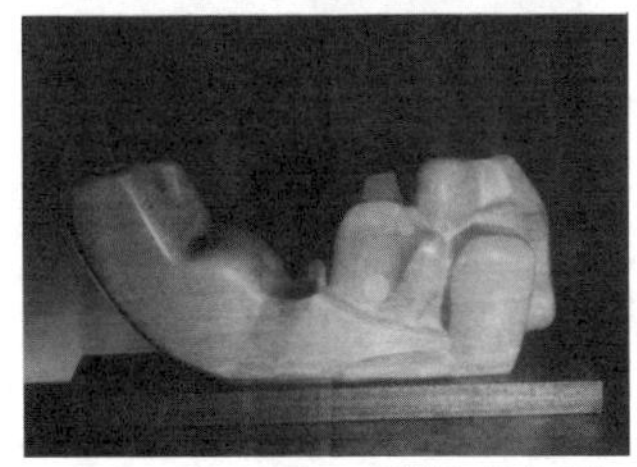

图 16 雕塑《冲垒》

图 17 雕塑《骑士》

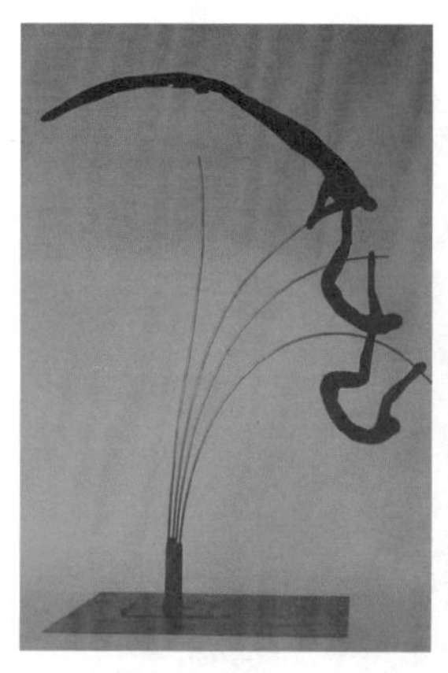

图 18 雕塑《撑杆跳高》

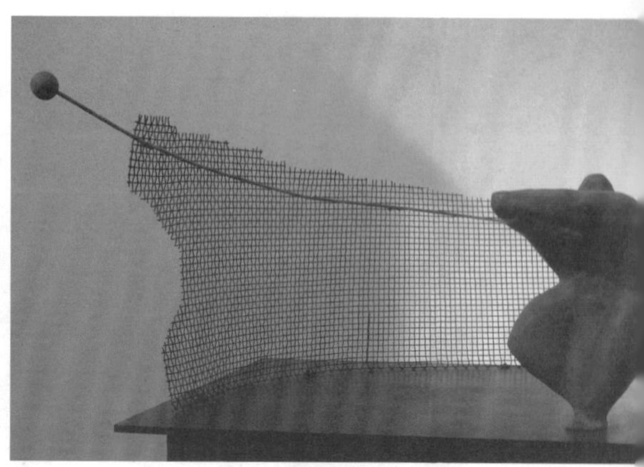

图 19 雕塑《链球》

图 20 喷泉雕塑《交往》设计稿

的命题）、死、爱、喜怒哀乐、教学、下棋、叠罗汉、接触等不同主题的二十几个人物。圆盘以一根独立的大柱支在喷水池中，圆柱以外面的套筒和中间的转动轴组成，轴的下端连在转动机械上，轴和套筒之间上下各有一个大轴承，套筒上端与圆盘底接触的部位安装一个大型滚动轴承。水池的直径有 24 米，边墙是三五级台阶，观众可以上下，但是站在最上一阶仍然与转动圆盘上的雕塑有一些距离。水池的底下是一个不小的机械房，有通往小广场的出入口。水池的水流可以是从外圈喷入中心的，也可以是在池底的平行或交叉的湍急的水流。喷泉外围是一个以喷泉为中心的小广场，直径为 200 米，地上铺设向心图案的石板，周边以 1.5 米高的花岗石为墙，围墙内 1 米远处，安置一圈以摩斯电码为创意设计的长凳、圆凳，电码的内容是“你是谁”，重复四遍。这件作品的制作需要不小的预算，现在如果有条件也是一件不错的公共艺术作品。

我这两件雕塑都通过了竞赛初选，曾经在北京王府井公开展出。原计划是要用获奖作品来点缀奥运场馆的，但是没了下文。后来，我才知道当时搞了两个类似的室外雕塑竞赛，我参与的这个竞赛是没有官方背景的，“误入歧途”了，一笑。

离开学校以后，我才发现我做动态雕塑的想法一直也有人在实践。大都会博物馆中有一件《从楼梯上走下来的女人》，法国一位雕塑家也做过一件站立起来的《马》，我都不怎么喜欢，感觉支离破碎，美感不足，而支离破碎的原因就是把那个点在移动时做了停顿。实际上我们把任何一个点的移动轨迹联系起来就是一幅美女大波浪头发一样的抽象作品。我的《撑杆跳高》就是这样一件作品，只是表现的动态比《从楼梯上走下来的女人》慢了半拍。我喜欢运动题材，因为有动态美感，有动态就有生命。

我还创作了三件写实的女性人体大理石雕塑，站着、躺着和坐着各一件。我想方设法提高作品的难度，挑战自己，想看看自己到底有多少能耐。三件作品都是双人体，做法都不一样。第一件是站着的（图 21），比利时黑大理石，我用模特做了一个一比一的泥塑，翻了石膏，再用自己设计的定位装置，把石膏人体搬到大理石中去。由于这块大理石比真实人体大了一圈，我不想浪费材料，于是这件作品的每一面都大过一个人体，看上去像是从中间破开，其实不是。第二件我找模特拍了照片，再根据照片做了两件小泥稿，又从小泥稿做了大理石作品（图 22）。做第三件时，因为材料是一块有两个平面的卡拉拉白大理石，于是我请了两个模特，靠墙坐着拍了许多照片，然后就直接对着照片雕出来（图 23）。我故意留着石材的自然裂面，要表达出把石材装到人体里面去，而不是把人体装到石材里面的感觉。自然裂面的存在可以增加石材与女性柔软人体的对比，增添美感。我一直认为，人（体）就是我们所处的宇宙的支柱。

后来我才知道，不管是自费还是公费，我是 1979 年以后第一个出国学习美术的中国留学生。我在国内不是专业搞美术的，只是自小喜欢，1963 年母亲托朋友介绍我在一位徐姓画家的私人画室里学了一年，每个星期天去一次。依稀记得他的画室在离我家不远的五原路的一栋弄堂洋房里，租的一间上海特有的亭子间。亭子间位于楼房两层之间的转弯处，尺寸不大，与公园里的亭子有一比，于是上海人给起了这么一个雅号。学生大多数是和他同年龄的“社会青年”，男多女少，评艺术，聊八卦，嘻嘻哈哈，很是融洽。周末的学生只有我和另外两个小孩。我的课业就是临

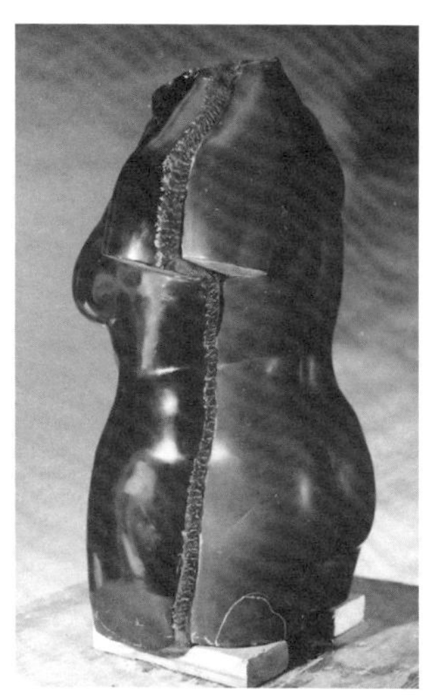

图 21 站着的人体

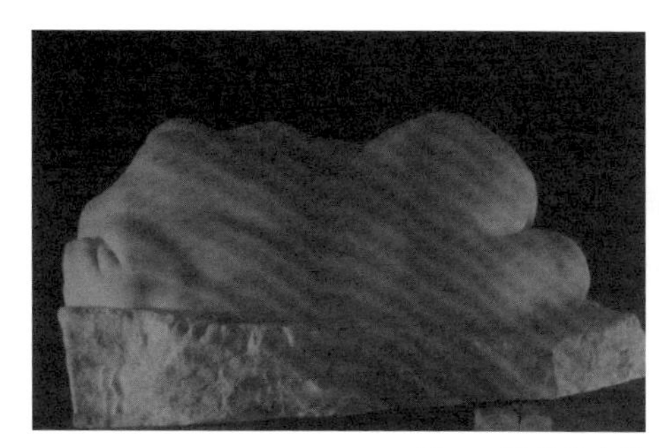

图 22 躺着的人体

图 23 坐着的人体

摹徐老师的画，有一幅《带鱼》，挂在那里，画中的鱼看上去很新鲜，用的是水粉颜料，我临得很像。那样大小的带鱼现在都不容易买到了，过去带鱼是不上宴席的，但是老百姓家常都喜欢。徐老师还做泥塑，有一座真人尺寸的黑人头像，上了深咖啡色，记得那时正是毛泽东支持美国黑人斗争的声明发表的日子。另外还有一些小玩意，都上了很好看的颜色，我很喜欢，回家就自己做了几个。我记住了他说的一个关键点：泥塑不能放在太阳底下晒，只能阴干。我不记得徐老师的名字，但是他给我的印象很深。他个子不高，很瘦，有严重的哮喘，经常发作，发作时人佝偻着，两手扶在膝盖上，扛着肩膀，张大嘴使劲吸气，这时咽喉那儿会深深往里陷，显得喉结突起老高，非常辛苦。我自己也有哮喘，但是没有那么严重，对徐老师很是同情。

我喜欢买全国美术展览优秀作品的明信片，有机会就去看展览，所以对几位大名鼎鼎的艺术家还是晓得名字的，只是隔行如隔山，没有机会认得，反而有幸在纽约结识了数位。我出国时得到了方世聪老师的指点，他的母亲住在我家隔壁。陈逸飞是 1980 年 5 月来的纽约，我出国前在黄陂路的原上海图书馆的画展中看到他的大作《踱步》，印象很深。“联盟”前后来了不少上海的研究者，记得有陈奋，他的父亲曾经在新四军里搞版画，他来也是学版画。陆续又来了钱培琛、顾月华、张世明、吕吉人、周智诚、王眉、程昊明、邓泰和、徐云叔和木心等人。有一段时间，我每天中午与木心坐在学校三楼的咖啡馆聊天，他如果有事要去办公室，也时常拉我做翻译。当时纽约有一份《华侨日报》，经常可以在副刊上看到他的文章。我还是蛮欣赏他的文笔的，感觉知识很渊博，懂得不少。印象里木心的画篇幅都不大，视觉效果不错，但是我觉得他过于专注技巧，专注于如何“做”出效果，如果换个方向，按照木心的智商和情商，在绘画方面或许可以有更大的成就。后来许多朋友有的没了联系，有的转了方向。但是，不管是坚持了自己爱好的还是把对美术的爱好投入到生存之道的，都做得风生水起，各领风骚。二十世纪八十年代早期，我还认识了陈丹青和张宏图，我那时候通过纽约唐人街的书店订了一本国内的《美术》杂志，看到了陈丹青的《西藏组画》和张宏图的《永恒》，他们的画都给我极深的印象，特别是《西藏组画》。后来我也看到不少别的画家相同题材的作品，但是我觉得都无法超越陈丹青的《西藏组画》，抛开其他不说，首先陈丹青的粗犷画风已经为画的主题加了分，这当然只是我的个人意见。张宏图的画，风格和创造力都是我非常欣赏和佩服的。1984—1985 年间，我和张宏图、张世明、王眉一起创作了至今仍是纽约市内最大的一组三如来木雕佛像，用的是桃花心木，贴了 24K 金箔，背后还有壁画（图 24）。从缅甸来的游客说，这是他们在北美地区看到的最漂亮、

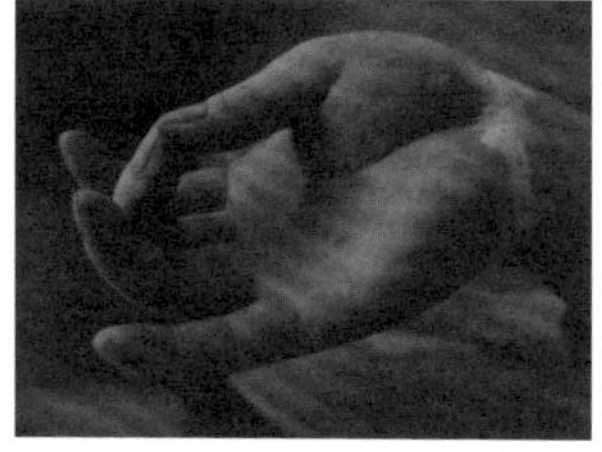

图 24 2 米高的座佛

图 25 工作室团体

最庄严的佛像了。我在“联盟”待了足足有七年多，于 1987 年暑假离开，一起离开的还有几个同班同学。我们一起在外面租了工作室（图 25），开始了“联盟”画室以外一边工作一边创作的日子。自从我在纽约艺术研究者联盟选了雕塑课以后，我就把自己定位于“雕塑家”，自称“做雕塑的”。

3

我参与了修复纽约

I HAVE PARTICIPATED IN RESTORING NEW YORK CITY'S FAMOUS LANDMARKS

B & H ART-IN-ARCHITECTURE, Ltd.

1986 年因为机缘巧合，我加入了正在参与纽约中央公园白塞斯达露台（Bethesda Terrace）的修复团队，踏入了古建筑修复的大门，这行我一做就是 35 年。1990 年，我注册了自己的公司，取名 B&H ART-IN-ARCHITECTURE, LTD.（图 26）。B 和 H 分别是英文单词大脑（brain）和手（hand）的首字母。我不知道应该怎么翻译成中文最贴切，建筑中的艺术？与建筑有关的艺术？直到今天我的公司还没有中文名字。业内都知道我们专门修复古迹地标建筑，主要是古建筑正面墙面的修复，尤其专精于建筑物上的艺术装饰修复。公司的 logo 是我自己设计的，一个罗马柱头和罗丹的思想者的剪影（图 27）。

35 年来，我们修复的几乎全部是纽约市的地标古迹。landmark 有“地标”和“古迹”的双重含义。铺开积累的工作照片，赫然发现几乎纽约所有著名的老地标建筑尽在其中，美不胜收。细数这些工程的难度、工程量，以及被修复的地标建筑在纽约历史中的重要地位，书名《修复纽约》便名正言顺地跃然纸上。

一张清单

从十九世纪后半段到二十世纪的前 20 年，是纽约市政面貌变化最剧烈的年代，一大批最漂亮、最高品质的公共和私人建筑矗立在世人面前，奠定了今天纽约市的基本格局和风貌。我 35 年的修复经历，恰巧是纽约市古迹保护的一个关键阶段，是百年以来第一次大规模的符合联合国教科文组织标准的专业维

图 26 B & H ART-IN-ARCHITECTURE, LTD. 的业绩经常见诸报端

图 27
我设计的公司 logo

修。是纽约市给了我和我的团队得以彰显我们天赋潜能的绝佳机会，反过来又是我们对古迹修复的理解和极优质的修复能力，使得这些原本需要大费周章的建筑得以顺利进入下一个百年。可以毫不夸张地说，那是我的机遇，也是纽约的机遇。在为纽约市的古迹保护作出自己贡献的同时，我也提高了对古迹保护的认识，对修复工艺的现状和改进的空间积累了深切的体会和心得。把经历和心得整理出来，对自己是一个总结，也可以向今后有缘与纽约邂逅的人们报告——曾经有一个来自中国的雕塑家，参与了修复纽约。

35 年来，我参与修复的大大小小古迹地标建筑不少，耳熟能详最有代表性的有：

纽约大都会美术博物馆；

纽约大都会美术博物馆修道院分馆；

美洲自然历史博物馆；

纽约犹太博物馆；

佛利克私人收藏博物馆；

纽约市公共图书馆第五大道总馆；

纽约市公共图书馆杰弗逊市场分馆；

纽约郡地区法院（推特法院）；

纽约州最高法院上诉法院；

格蕾丝教堂；

圣派特里克大教堂；

洛克菲勒家族卡奎特别墅；

此外还有纽约市中央公园白塞斯达露台、纽约市圣三教堂等。

纽约曼哈顿是在十九世纪中叶到二十世纪前叶的七八十年里一下子发展起来的，速度太快，来不及“斟酌”，没办法“细嚼慢咽”，许多那些年代里建造的公共建筑都采用了“美术（Beaux-Arts）”风格，比如大中央火车站、公共图书馆、哥伦比亚大学、推特法院、大都会美术博物馆、华盛顿广场拱门和纽约股票交易所等。“美术风格”的建筑把所有欧洲古典建筑风格的特点揉在一起，设计很讨巧，可以把房子造得很大，分隔布局科学合理，有足够的空间可以应付使用；罗马帝国柯林斯风格的巨柱和柱头把这些建筑撑得十分雄伟气派；点缀在屋檐下、楼层之间、窗边门框的巴洛克风格的雕塑又使建筑显得精致妩媚，拒绝了粗鄙；古希腊风格的人像雕塑拔高了建筑的装饰等级，是“美术风格”的点睛之笔。它既是反对人士口中所称的“大杂烩”，也是符合大众口味的“炒什锦”，更是令专业人士叫好的“佛跳墙”，兼有新古典主义的意味。Beaux-Art 这个名称来源于十八世纪中期法国皇家艺术院赞助的学校，这所学校后来转变成为美术学校（Ecole des Beaux-Arts）。这所学校教授建筑、绘画和雕塑，学校里形成的建筑风格广受好评，被普遍接受，流行于十九世纪后期二十世纪初期的欧洲和美国，“表明新材料和新功能给古典形式和平面图的动态改变所带来的影响”。尽管批评者说这个风格仅仅是集别的风格之大成，而就是集大成的设计造就了永恒不朽的“美术风格”。毫无疑问无可贬低的 Ecole des Beaux-Arts 美术学校是世界上最重要的建筑院校之一，它最古老，最具系统性，开创了平面图、剖面图和立面图三者密不可分的制图课程。当时一些最著名的建筑大师每周一次去这所学校授课。纽约艺术研究者联盟的老师们也是大牌，每周授一次课，可能就是借鉴美术学校的办学方式。

纽约市有五个行政区，曼哈顿是行政中心。著名的百老汇大道像一条项链，早年纽约的历史和许多我们今天定义为地标的古迹建筑好像许多坠子由这条项链串连起来。纽约下城的海关大楼、教堂、银行、法院和市政厅等，加上大量廉价移民劳动力，造就了各行各业的繁荣，也养育了各色人等。那一片肯定曾经充斥着数不清的简陋客栈，现在都让金融机构占据了。电影《纽约黑帮》重现了那一段时光，黑道白道，鱼龙混杂，每天重复演绎着不同家庭的相同故事。

纽约市政厅和纽约郡地区法院——推特法院背靠背合用一块地皮，殖民地总督式的市政厅面向东南，“美术风格”的推特法院面朝东北，自成一个独立的小街区。小街区的西北面是百老汇大道。

市政厅的东南是大名鼎鼎的布鲁克林大桥。布鲁克林大桥是纽约十九世纪所建造的最后一座大桥，它符合当时的品位，是美学和工程学的最佳平衡。布鲁克林大桥的主要设计工程师是约翰·罗布林，他的儿子华盛顿·罗布林做他的助手，夫人艾米莉·罗布林协助他处理其他令人头疼的琐碎事项，对丈夫的事业给予了极大的精神和具体事务上的支持。遗憾的是，约翰·罗布林死于一场现场事故，儿子华盛顿在现场工作中不堪重负，压力过大，有精神失常症状。这个工程对纽约和布鲁克林人是福音，是世界上第一座把两个独立的城区联系起来的桥梁，是当时世界上最长的悬索桥，其建成对世界桥梁史来说是划时代的事件，可是对他们一家三口来说却是好坏参半。不管怎么样，他们都已经被载入史册。

纽约郡地区法院，即老百姓口中的推特法院，从 1861 年动工到 1881 年竣工，整整造了 20 年。又过了两年，布鲁克林大桥落成。有报道说，庆典上没有人敢走上新桥的桥面，最后还是当时的布鲁克林市长第一个走上去，后面跟着一个有 27 头大象的庞大的杂技团。那时的布鲁克林和纽约是两个分开的城市，大桥好比一根红线，最终在 1898 年把两个城市连为一家。大桥在曼哈顿的一端正对着推特法院的东南面，中间只隔着一条窄窄的马路。这座推特法院是我参与的第一个使用政府经费的工程。美国的法律规定，凡是动用了政府经费的建筑工程，必须要由工会会员来做。这是工会和政府之间的协议，形成了法律。因此，几乎所有具有相当规模的建筑公司都和工会有协议，只要涉及的工种属于某个行业工会，就必须使用工会会员。我的上家，上家的上家，用的都是建筑工会的工人，唯独我的工作，工会没有这方面的人才，不会做，算是“特殊行业”。

推特法院罗马科林斯风格柱头修复

房地产开发商永远是对经济发展最敏感的一个群体，他们摧毁了许多纽约市独一无二的古迹地标，以光滑的大理石墙面或玻璃幕墙的高层建筑取而代之。每当科学技术上升了一个台阶，房子就可以再往上多造几十层，地产商就想着把矮的建筑摧毁，开发新楼盘，简直到了失控的地步。可以理解那些开发商看到老房子上方巨大的上升空间时白头鹰似的兴奋饥饿的眼神。当然，开发促进了时代进步。但是，新的时代来了，老的时代却不应当被毫不怜悯直截了当地抹去。摧毁的是建筑，抹去的是历史。有一本画册《失去的纽约》（*Lost New York*），以大量珍贵的老照片来介绍已经不复存在的纽约老建筑。其中最令人无法忍受并最终引起巨大反弹的、导致纽约古迹保护运动的是老宾夕法尼亚火车站。半个世纪后，一位建筑师朋友仍然以极其惋惜的语气向我介绍火车站 20 米高的空间和硕大的罗马柱。“那些罗马柱头比你修复的大得多了！”我们修复的推特法院的罗马柱头的直径和高度都是 2 米，已经够大了。火车站整体是铸铁结构，一束束阳光穿透拱形的玻璃穹顶，流淌在熙熙攘攘的人群中。一名记者回忆道：“当你在老火车站里时，阳光透过玻璃的穹顶洒在你的肩上，你感觉自己像是上帝；而走出昏暗低矮的新火车站时，感觉自己像是一只老鼠。”今天，我们只能从别人只言片语的回忆中努力拼凑早已灰飞烟灭的老火车站的宏伟场景，尽情想象身为上帝和老鼠的不同感受。我甚至一直在纠结大罗马柱头的具体尺寸。曾经有一个建筑公司的老板告诉我，他的公司拿到了一部分拆毁老火车站的工程，“足足拆了两年！”我心情复杂地看了他一眼，无法回应。前几年，在新宾州火车站的天花板上安装了液晶显示屏，可以假装看到蓝天白云。不过，上帝就是上帝，老鼠还是老鼠。幸运的是，我知道推特法院是托古迹保护法的福延续了生命，她的曼妙身姿得以重塑。美国人讲“政治正确”，虽然始终有很多政客想把它推倒，但同时有很多有识之士持不同意见，争论一直存在，直到二十世纪八十年代，推特法院终究还是被指定为古迹地标被保护下来，这才有了我们施展抱负的空间。

早先的法院，大多都有一个固定的、混合了罗马和希腊风格的建筑模式——踏上宽大的台阶，爬上相当于第二层楼的高度，才是一楼的正门。门前有一个科林斯风格的柱廊，4 ～ 8 根粗大的柱子支撑着十多米高的三角形山花。从那台阶拾级而上，可以感受到至高无上的法律威严。山花中总是坐着、躺着一些古希腊神话中的人物，代表法律、公正、秩序和力量，以此来强调所遵循的源于古埃及、发育于古希腊和古罗马、被西方国家普遍采用并不断反复细化充实的游戏规则的正统性和合理延续性。后来外墙逐渐没有了雕塑，只有三角形的山花。我想大概是因为人工太贵或是没有人能雕了。不过当你抬头看到那个三角形，那些希腊神话中的人物还是会浮现出来，记忆复原和填补了那个片段。现在的法院，干脆连柱廊和山花也不见了，只钉一块“某某法院”的铜牌。

推特法院（图 28），建造于十九世纪后半叶，是纽约市政厅落成后建造的第一栋公共建筑，由当时最出名的建筑师约翰·卡伦（John Kellum）和李伯特·伊德兹（Leopold Eidlitz）设计建造。正门带有意大利纪念碑色彩的科林斯风格的雄伟的柱廊和宽大高耸的石阶对着马路。卡伦没见到法院落成就去世了（这也难怪，造这个法院花了整整 20 年，五倍时间于同类工程），伊德兹接着以中世纪灵感设计了法院的南侧。这座建筑现在被认为是纽约有纪念碑意义的伟大公共建筑之一。它不但外观气派华丽，内部的雕刻装饰也极尽绚丽豪华之能事，其外观和内部装饰都被指定为纽约市受保护的地标古迹。1999 年修复时，为了其中一个法庭，修复团队还特地到英国的老牌瓷砖公司定制与当年一模一样的地面用的花色瓷砖。推特法院有纽约所有公共建筑中最大的铸铁的内部结构。使用铸铁结构的主要原因是防火，原设计中的外部结构使用的也是铸铁件，但因为设计师自己拥有大理石矿，于是毫无悬念又名正言顺地，外部建材就改成大理石了。推特法院的官方名称是纽约郡地区法院（New York County Courthouse），人们习惯引用当时主政的纽约市长的名字来称呼它，因为法庭开

The Metro Section
A 1979 Adoption Gone Wrong Leads to Kidnapping Charge
Commissioner Of Fire Dept. Loses Support Of Officers
The Grandeur That Graft Built, Redeemed Downtown

图 28 修复工程基本竣工的推特法院，照片摄于 2001 年 9 月初，法院后带天线的建筑是世界世贸中心大厦，拍照后不久就发生了震惊世界的“9·11”事件

张的第一个案子就是审理市长的贪污案。长期以来，推特法院一直被当作纽约市的耻辱，数届市政府都想把它推到，曾经筹措了3000 万美元的拆房预算，只差一个动土的黄道吉日。到二十世纪六十年代，这栋房子几近荒废，某天 , 前门罗马科林斯柱头有石块碎落，市政府就派人把几乎所有罗马柱头上的雕刻砸了个一干二净。反正房子都要被推倒了，碎石掉落打到人可就吃不了兜着走了。

修复推特法院大约花了 1 亿美元，都是财政拨款。二十世纪八十年代末期，纽约市还没完全从数年前的萧条中恢复元气，就花了一大笔钱来修复这栋房子。它的修复计划是按博物馆的标准进行的。原来位于第五大道一百一十街的纽约市博物馆打算搬到推特法院这座建筑中来，捉襟见肘的市政预算还拨了 1500 万美元搬家费。市博物馆都已经开始装箱了，不巧正遇到换届，新市长上任，第一时间叫停了纽约市博物馆的打包工作。他决定把市教育局设在推特法院里，如此他就可以随时到教育局检查工作，以表示他对教育的重视。所以，修复后的推特法院大楼是博物馆级的装备标准，有着全纽约市所有地标建筑中，甚至所有博物馆中最完善的电力配置、空气交换、数字网络、温度控制、电子监控、安全警报、办公室线路等设施，绝对不可能发生跳闸、流量过大以致网速太慢等各种因为荷载过大引发的意外状况。尽管推特法院外部的石雕柱头的细部被破坏殆尽，内部装饰却完好无损。现在这栋大楼对游客开放，如果打算进去参观，可以事先打“311”电话到市政府预约，绝对值得一看。

平心而论，推特法院的修复工程，在纽约只要有一定规模的建筑公司都能胜任，但是其中我们修复的工程却只有我们公司能够以这样的速度和质量完成。我们承担的是最重要的面子工程，好

图 29 修复前的科林斯柱头

图 30 我在科林斯柱头修复后的工程现场

比脸部整容，修复外墙东西北三面 12 个高 2 米、宽 2 米的长方形半面柱头和正门柱廊的 4 个高 2 米、直径 2 米的圆柱头。柱头细节是最复杂的罗马科林斯风格。科林斯风格是从古希腊和古罗马流传下来的，它的特征是以地中海的一种草本植物莨苕（ranunte）叶作为主要装饰。莨苕叶在那个地区有复活、重生的象征意义，受到崇拜，古希腊和古罗马的神殿使用莨苕叶装饰来象征神殿的万世永存。莨苕叶纹饰非常漂亮，但是非常复杂，雕刻不易。现在，我整理过去的资料，回顾当时的过程，相当佩服自己的胆量（图 29、图 30）。修复工作的整个流程是一门艺术。分散到各个环节，修复工艺的整体周全设计是一门艺术；修复过程中对细部和额外情况的处理是一门艺术；对繁复的、需要修复的雕刻部分的精准拿捏是一门艺术；对工具的熟练掌握和速度控制是一门艺术；修复部位的最佳安装方案更是一门艺术。最后整个工程以不可思议的速度和质量按时完成，给人一个错觉，似乎这件事本来就不难。

一个大工程的设计，流程往往是这样的。业主做出维修的决定后，先招标挑选经理公司，这时候的预算还是一个大概的数字。经理公司招标挑选建筑师（事务所），建筑师负责所有的细则和图纸的制订，包括具体预算，预算完全依据修复的项目和具体数量来制订。比如说我们的修复工作，建筑师已经在图纸上标注了修复的具体位置和大小尺寸，还决定了单价。然后，建筑师和经理公司一起招标各类工程公司，比如做屋顶的、做窗户的、做室内的、做室外的、电工、水管工等。从业主做出决定开始到各路勤王团队到期，至少要两三年时间，然后才能见到一个“热火朝天的工地”。

推特法院工程的经理公司是一个叫 Landlease 的公司，负责招标、业主和工程公司之间的联络、监督工程进度及质量和掌管工程经费。工程经费这一条很重要，工程一开始，业主先把所有的预算打入经理公司的账户，然后由经理公司根据工程的进度按时发放款项，有效地保证各方的权益。我的上线公司中了外墙工程的标，于是委托我做 4 个圆柱和 12 个扁柱的柱头修复。我从来没有做过这样数量和难度的工程，在纽约市的修复历史中也是第一次，因为这是这座建筑建成后的第一次大修，纽约市也没有和这些柱头相当尺寸的柱头了。从一开始我就对整个工程展开非常详细的研究。首先，我把需要修复的各个部位分别做了写生素描（图 31），通过写生的过程熟悉各部位的细节、形状、角度、走势、相互关系等。然后，我把需要复制的部位规格化，因为所有的柱头都是手工雕刻的，相同的部位在不同柱头上的尺寸还是会略有出入。我统一规范了替补用的新材料的尺寸，这样就能避免因为过多规格而引起混乱和误差，

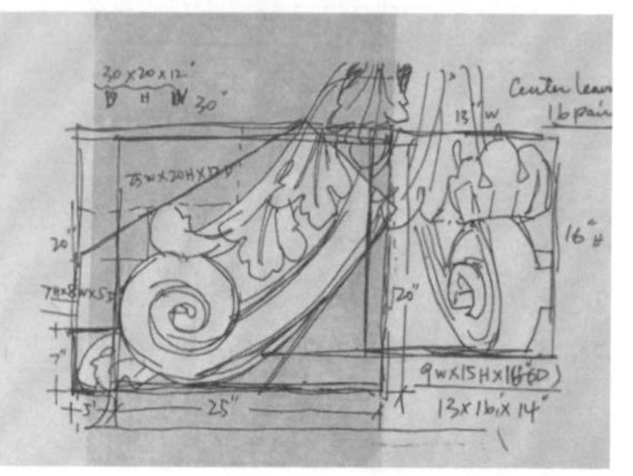

图 31 几张科林斯柱头修复部位的素描

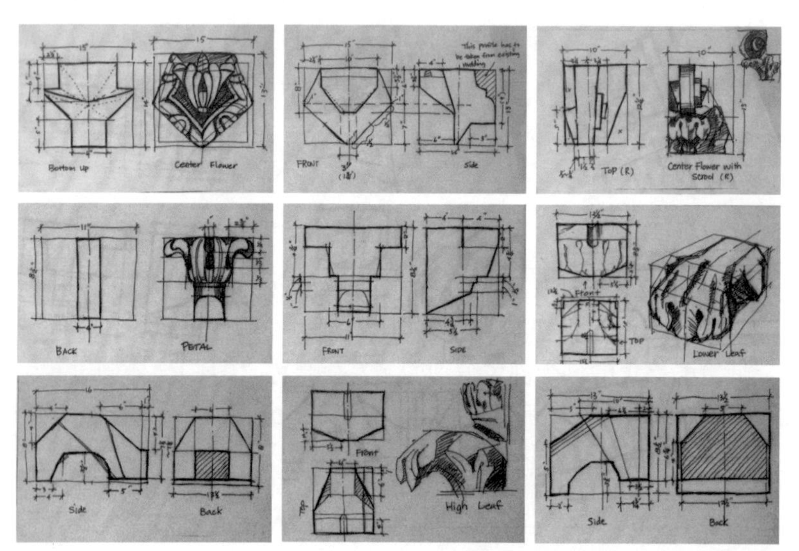

图 32 部分修复部件的标准模版图

以及无必要的价格提升。所有大涡卷连叶的尺寸都是长 63 厘米、高 28 厘米、厚 21 厘米；所有的花都是宽 38 厘米、高 35.5 厘米、厚 33 厘米。最终安装时，尺寸再根据具体的损坏程度加以调整。规范了修补用的新石材的尺寸后，我又为每一种需要修复的部件画了标准模版，每一个新部件都按照统一的模版制作（图 32）。一个精准的模版，直接关系到制作的速度和质量。实践证明，标准化生产是提高劳动生产力行之有效的手段。

我们的工程一共修复了 38 对位于顶部四角的“连叶大涡卷”，28 对位于上部中间的“连叶小涡卷”，28 个顶部中间的“花”，160 个弯卷的“叶片”，还有数百件各种不同形状的部件（图 33）。而我们只有三个人，所有的大理石雕刻部件都是现场制作和安装的，仅仅用了 20 个月，从 1999 年元月开始到 2000 年 8 月底完工。为了让读者对我们做得多快能有直观的理解，让我来举个例子。科林斯柱头四个角上称为“连叶大涡卷”的部分是整个工程中最大、最复杂的部件，从大涡卷的前端到叶片根部的最下端，复制用的石块是两块一对，每块的尺寸是长 25 英寸、高 11 英寸、厚 9 英寸，合 1.4 立方英尺，重 245 磅，即 110 千克。如果按照正常速度雕刻，少说也要四五天才能雕刻一对，38 对就要占掉一个熟练的老师傅 190 个工作日，而我只用一个工作日就能雕刻一对（图 34）。连叶小涡卷我也轻松地一天一对。中间那朵花，更是一天能连雕刻带安装。我的两名工人专门雕刻其余的 160 片大叶子和其他小部件，很快就驾轻就熟了。时间就是从每一个部件的雕刻和安装过程中节省下来的。我们这样的修复工作需要透彻理解流程，吃透每一个环节，这自然又离不开具体的工作规划和对工艺的熟练掌握。“工期”是许多重复劳动的组合，节省时间，就是减少不必要的重

图 33 连叶大涡卷、连叶小涡卷、花

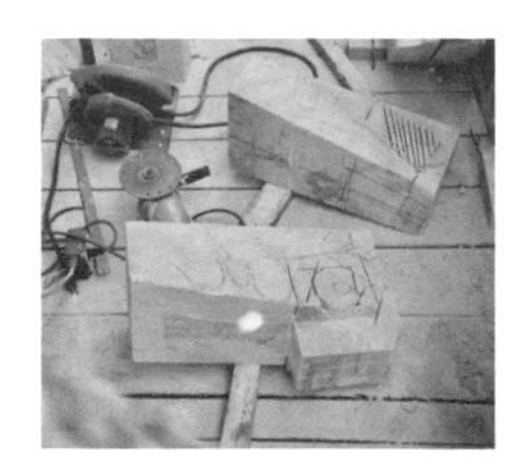

图 34 连叶大涡卷的制作过程系列

复劳动。我们做这个工程，至少为客户省下三分之二的时间和经费。

推特法院的大理石罗马科林斯柱头的修复难度属于我分类的第四级，加上规模、工期，要求极高，极具挑战性，不论从规模还是难度上看，都可能是一生中仅有一次的机会。Once a life opportunity! 这也是我选择古迹修复的原因之一，因为可以遇到不同的挑战，每一次挑战都是一个学习提高的机会。毕竟没有多少人那么幸运有机会直面诸多历史中的大师。使用和原建筑相符的天然材料（花岗石、大理石、石灰石和砂石）对历史建筑上的装饰部分进行现场修复，至今在纽约只有我的团队有能力做。我喜欢这样的挑战。

雕刻完成以后，安全牢靠的安装是必不可少的，特别是当我们面对一对连叶大涡卷时，如何安装是一个难题。一般地，我们修复安装新的材料和旧的受体都是平行或垂直的关系，因此，不锈钢螺纹杆桩和工作面呈 90°直角，这种角度和关系十分稳定安全。而连叶大涡卷不同，一对雕刻好的部件，每片至少有 100 磅重，呈 45°角斜斜地腾空架在那儿，仅在叶片的根部使用不锈钢螺杆加固，头重脚轻，明显不行。而现场环境无法使用夹子、架子、卡子和绳子、葫芦一类的辅助工具，因为无处可夹，无处可绑，无处可吊，时间和预算都不允许我们搭建架子或使用专用设备从下面加固或托住这 200 多磅的石头，还要同时兼顾调整好这对连叶大涡卷的位置和角度。更要紧的是，我们只有 15 分钟的工作时间，因为一旦环氧树脂胶开始凝固，我们就将失去调整的机会，搞不好得从头再来，那就是个灾难了。两块叶子分开安装的方案从一开始就不被考虑，因为既会增加工程量和难度，又不能把握安装的质量。措施越复杂，质量越没保障。显而易见，固定这对连叶大涡卷要同时满足几个要求：安全、迅速、牢固、简单，还要保持外观“材料和视觉”的完整。我们想了一个十分简单有效的方法，解决了所有难题，满足了所有要求，花费的仅仅是拧紧一个螺帽的时间。

我们的悬挂方式分解如下（图 35）：第一步，我把一对大涡卷中心部位都打穿，再在柱头顶部与大涡卷中心螺纹杆呈 90°的位置打一个斜孔穿透到柱头顶部，在大叶片的根部和柱头的安装部位打孔；第二步，先把整片连叶大涡卷的根部用不锈钢螺纹杆连接上，叶片呈上 45°角，这时一个人就可以比较轻松地扶住整个叶片，两面相同；第三步，从两个孔中穿过一根不锈钢螺纹杆，注意不能从孔中露出来过长，另外用一根较长的不锈钢螺纹杆，一头弯一个钩，钩住大涡卷中心螺纹杆的中间，另一头从斜孔中穿过，从顶上穿出，戴上螺帽；第四步，在所有应该使用环氧树脂胶的部位用胶；第五步，逐渐上紧螺帽，同时注意调整两片大涡卷的位置，直到上紧螺帽；最后是扫尾工作，清理挤出来的胶，切除过长多余的螺纹杆，

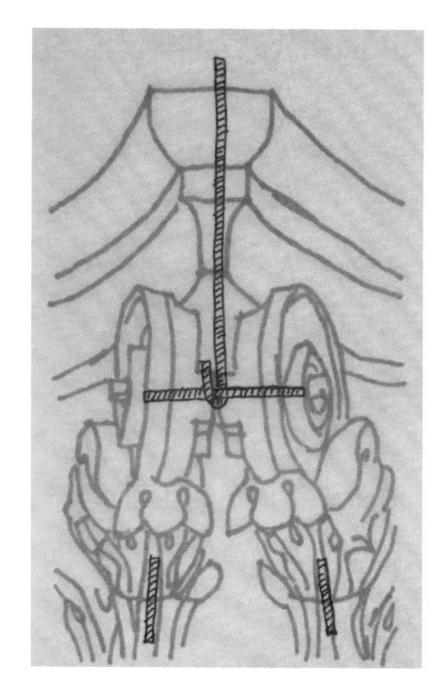
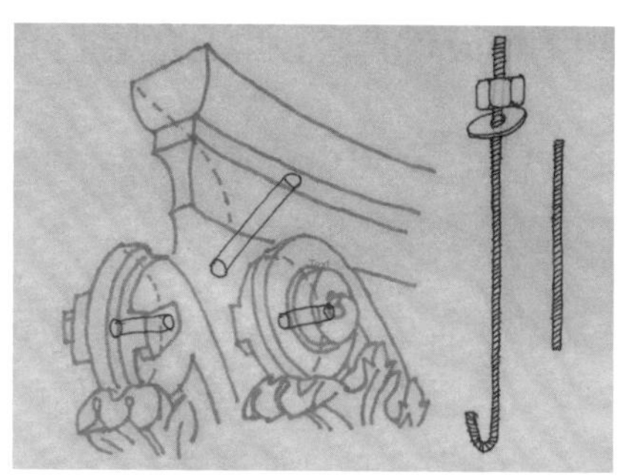
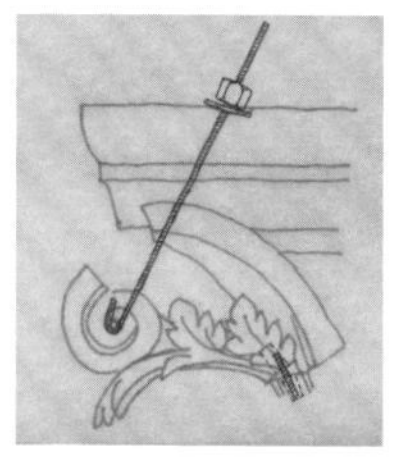
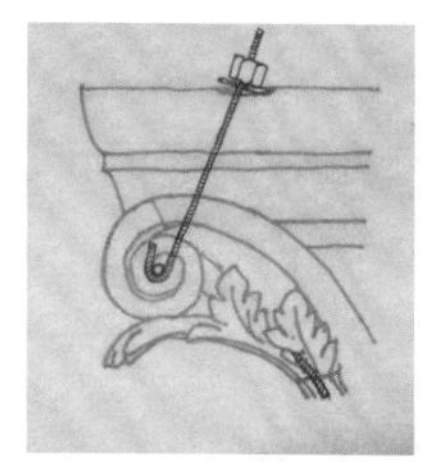

图 35 连叶大涡卷的悬挂安装系列图解

封住顶上的禁锢点。实际使用的时间就是拧螺帽的时间，而当环氧树脂胶硬结了以后，螺纹杆就不再吃力，却又起到一个稳定和保驾护航的作用，十分安全可靠。我们安装完成以后，结构工程师来看了一下，一句话没说就走了。我敢肯定，在我们之前没有人使用过这个方法。十年之后，我们在纽约市公共图书馆总馆的工程中又使用了同样的方法，也为工程争取了许多宝贵的时间。

完美而神速的雕刻和出乎意料简单而安全有效的工程安装是推特法院科林斯柱头修复工程得以高质量地顺利如期完工的两个主要因素，推特法院大理石柱头修复工程的圆满完工使我对自己和我的团队的能力产生了极大信心。

推特法院是 8 月底完成的，9 月 1 日我们移师上诉法院。

纽约州最高法院上诉法院大理石建筑正面和装饰人像雕塑修复

推特法院和上诉法院（图 36）处于一条直线上，中间隔了大约 40 条街。“9·11”事件那天早晨，在推特法院屋顶上清扫的工人万分惊愕地看着巨大的波音飞机发出怪声掠过他的头顶、撞入世贸大厦，同时在上诉法院屋顶上工作的我们也感受到那撞击产生的强烈震撼。

上诉法院的地址是麦迪逊大道 35 号，位于东二十五街口，它的正面在第二十五街上。南北向的麦迪逊大道的西面是麦迪逊广场公园，百老汇大道从西上城斜插下来，在麦迪逊大道的西面和第五大道相交于第二十三街，这个剪刀交叉的南北两端产生了两块三角形的地皮。北面的一块地皮上空荡荡的，竖立着一杆红绿灯，红绿灯下经常变换着硕大的雕塑，多数是抽象的。近来在此处又见一些卖吃食的摊位和一些铝制的椅子，不下雨的日子人来人往，相当热

图 36 上诉法院外景

图 37 时代广场与百老汇大道

闹。南面一块地皮上矗立着纽约市的一个著名景点——熨斗大厦。

纽约市的百老汇大道是一条有特殊意义的马路，纽约的历史是由百老汇大道串联起来的。

百老汇是纽约曼哈顿岛最老的一条主干道，其形成远早于美利坚合众国开国。如果把曼哈顿岛做一个地理模型，把岛周围的水抽干，就可以看到曼哈顿岛真的是一座山头，四周深深的陡峭山谷就是天然河道，岛的南端是得天独厚的深水良港。当第一个土著印第安人出现在那个位置时，就注定了这里要成为与世界联系的窗口。很久以来，生活在北美地区的原住民通过曼哈顿岛的最南端进入大西洋，荷兰人也是从这里上岸的。直到今天，如果谁有闲情逸趣，满可以从华尔街那头长着四只马蹄的铜牛开始，溯“汇”而上，斜斜地贴着中央公园西边穿过曼哈顿岛进入上州，说不定依旧可以越过美加边境走到多伦多。

因为港口，曼哈顿自然而然地就从岛的最南端开始，逐渐往北建设发展。早年的许多建筑都聚集在百老汇的旁边。全世界的游客如雷贯耳趋之若鹜的百老汇大道（Broadway）是仅限于四十几街那一段（图 37），所有有资格在那一片上演的舞台剧都被称为“百老汇剧”。而有资格在那些剧场演出的，必须是大编剧、大导演、大卡司，大金主更是少不了的。一个好卖的百老汇剧，动辄连续上演几千场，演员有几套班子，可以同时在世界上多个城市演出，还能延续好几代，真正成了摇钱树。二十世纪七十年代到八十年代有部全部裸体的《啊，加尔各答！》，后来有《悲惨世界》，再后来有《妈妈咪呀！》以及现在的《狮子王》都是如此。一些小编剧小导演穷其一生拼命想挤进百老汇的剧场，极难成功。“百老汇”外还有“外百老汇 (Off Broadway)”“外外百老汇 (Off Off Broadway)”。从“外外百老汇”的小小剧场，到“外百老汇”的小剧场，最后到“百老汇”的大剧场，空间距离似乎没有多远，但圈内人士都知道，那一条条街道其实都是用汗水和眼泪铺就的。这是心理上的距离，是一种明明站在门口，却又相距万里，不得其门而入的感觉，难得有人能扬眉吐气。大家都知道纽约是世界艺术之都，任何作品在纽约成功了，就是在地球上成功了。而在别的地方功成名就，在纽约不一定能如此幸运。曾经听到过一个故事：一位来自美国中部小镇的画家在家乡当地很受欢迎，又是接受采访又是上报的，不亦乐乎。于是他挎着包袱来到大纽约碰运气，一路直奔纽约市里最有名的商业画廊，因为他有一个“脚碰脚”的同行曾经在这里卖得相当好。他在画廊经理面前展开他带来的资料和原作，踌躇满志盼来的却是经理的摇头。他不服气地问：“我画得不好吗？！”经理说：“画得很好，但是我闻不到钱的味道。”直截了当得令人咋舌。这是现实，残酷不残酷各有说法。但是，有谁能告诉我，钱到底是什么味道？我是搞雕塑的，也想在纽约碰运气。所有搞艺术的，都有一个相同的梦。一个人的价值和“钱的味道”相去甚远。艺术是和任何一门技能都是不同展现个人价值的“道”。大家可以通过后天奋斗成就技术，但真正的艺术家只能从那些与生俱来有那部分血液的人当中诞生，并不是每一个“悟”的人都能得“道”，需要有一个基因突变。

上诉法院是一栋精致的大理石造的三层小楼，建于1896—1899年，运用了学院派艺术装饰（Beaux-Art Style），十八世纪英国乡村风格，是当年“美化纽约市”运动的杰出标志。建筑启用时，有一位记者称赞这栋建筑“就像在一堆用普通枫树木做的盒子中一个闪闪发亮的象牙盒子（shines like an ivory casket among boxes of ordinary maple）”。这不仅是因为它漂亮的白色大理石外观，更是因为其中众多高水平的大理石人物雕塑。在建造过程中，美洲建筑师和建筑新闻（American Architect and Building News）半真半假地说：“美国其他地方会因为纽约市拥有这栋房子而心生嫉妒。”这也难怪，设计师詹姆士（James

图38 《和平》组雕

Brown Lord）花了很多心思在装饰上。当时这座建筑的造价超过63 万美元 ，相当于今天的 2000 万美元，其中的四分之一用在了雕塑上，绝对的大手笔，花了大本钱。按照今天的行情，2000 万美元绝对造不出这样的建筑，500 万美元也不可能请到那么多一流雕塑家创作出那么多一流大理石雕像。单那些最好的雕刻材料卡拉拉白大理石今天也值百万美元。

上诉法院室外上下一共妆点了二十几个大于真人的大理石雕塑，按记载一共有 16 位知名雕塑家参与了创作。比如，卡尔·比特（Karl-Bitter，1867—1915）创作了面对麦迪逊广场公园的组雕《和平》（图 38）。卡尔是一个出身在维也纳的奥地利雕塑家，他曾受教于奥地利美术学院，22 岁到美国，在一个建筑事务所找到工作，很快就以他的建筑和纪念碑雕塑闻名于世，从此参与了许多重要工程，其中有纽约大都会美术博物馆和芝加哥世界博览会的主楼。他强烈地认为，装饰艺术不仅仅是为了取悦感官的享受，更应该传递它的目的，不论是博览会建筑还是其他建筑都是如此。他的目标是雕塑家和建筑师应该从每一座建筑的开始就紧密无间地合作，使得装饰雕塑和设计理念更加贴切和谐。遗憾的是，具有卡尔那样创作设计理念的雕塑家凤毛麟角，而且也不是每一栋公共建筑都有如此充裕的经费。正对着华尔街的圣三大教堂正门的石雕耶稣基督（基督下方一个圣徒的一只架起的脚断了，我把他配上了）、小天使以及十二圣徒，和极出名的两扇大铜门就是他的杰作（图 39）。纽约大都会美术博物馆正面 8 根柱子上托着 4 个非常瞩目的没有雕刻的巨大石块，本来是为他准备的，四个主题的泥稿都做好了，分别是《绘画》《雕塑》《版画》和《摄影》，却因为一起致命的车祸把一切都刹停在 1915 年 4 月 9 日

图 39 纽约圣三教堂正面大铜门上的圣经故事雕塑和铜门上部耶稣和圣徒石雕由卡尔·比特设计制作

图 40 我正在修复的《天使楼梯》

这天。我猜事发时卡尔肯定沉浸在他的构思里面，才可能被速度不是很快的汽车撞死，死时年仅四十八岁。大都会美术博物馆的美洲馆里有一座从一个消失了的教堂保留下来的《天使楼梯》（*All Angels' Stair Case*）（图 40）也是他的作品。那些美女神态自然，动态飘逸，神了！卡尔有极高的艺术天分和旺盛的创作热情，如果没有那该死的意外，天晓得纽约市会因为他而增色多少！他的意外去世绝对是纽约的巨大损失。在纽约的 26 年里，他创作了大量作品，每天都生活在构思、起草、泥稿、石膏和雕刻之中，似乎没有什么空余的社交时间。我们在这次修复中，把这座《和平》组雕以前修复得不怎么样的三张脸都换了，中间女神的左胳膊也是新的，右胳膊被拿下来修复后又重新安装了。左边坐着的女神的一条胳膊和右边的男神的一条胳膊和一条腿都是新换的，新的石头颜色比较浅，很容易区别（图 41）。

图 41
《和平》组雕
修复前后

雕塑家丹尼尔·切斯特·法兰西（Daniel Chester French）因为首都华盛顿林肯纪念堂的林肯雕像而名扬四海。他创作了面向第二十七街女儿墙中间最高处的三人组雕《公正》（图 42）。组雕中间站着的女神代表公正，她两边坐着的男性分别代表学习和力量，寓意知识就是力量。这组雕塑损坏得不是太严重，我把女神的鼻子重做了，两个男神重做了一只手和半只脚，女神的胳膊被从接口处卸下重新安装，在里面用了超过了半条手臂长度的不锈钢加强“桩”固定。

雕塑家查尔斯·亨利·尼豪斯（Charles Henry Niehaus）创作了巨大的金字塔组雕《法律的凯旋》（*Giant Pediment*

图 42 《公平》组雕照片及修复前后的局部

图 43 巨大的金字塔组雕《法律的凯旋》

Group）（图 43），共有 5 个人物，有坐有躺，分布在用 6 根科林斯风格大理石柱子支撑着的三角形山花里。我们在这个山花里修复了一张脸、一只手扶着的一本书以及一些小部位（图 44）。雕塑家尼豪斯有 6 座人物纪念雕像被华盛顿的雕像展览馆收藏，比任何雕塑家都多，其功力可见一斑。

在面向麦迪逊公园的三楼墙面上，雕塑家汤玛士·希尔斯·克拉克（Thomas Shields Clarke）把间隔在窗户中间的柱子雕成了代表四季的 4 位女神（图 45）。这 4 位女神的脸和手有多处被修过。屋顶层女儿墙上两座组雕的两边，一共有 9 座真人尺寸的纪念雕像（原来是 10 座），他们的手中分别拿着和法律有关

图 44
《法律的凯旋》的
局部修复前后

图 45 四季女神修复前后

的东西——书、卷轴、匾牌、剑、宪章或者权杖。这些人物被认为是人类历史发展过程中有传奇色彩的立法者。面对麦迪逊公园的一边，北面第一座纪念雕像就是孔夫子（图 46）。我不记得我们曾把他视为立法者，如果把他尊为道德规范的制定者或许更为贴切。雕塑家菲利普·马提尼（Philip Martiny）居然让老夫子踏着一双大头胶鞋，手上拿着卷轴，而不是竹简。老夫子的鼻子和上嘴唇被重做了，拿卷轴的手被重新安装了。其余雕塑依次是卡尔的组雕《和平》；然后是亚伯拉罕宗教里的摩西（图 47）；接着转过来在二十五街上的是古伊朗的先知拜火教的创始人梭罗亚斯特（Zoroaster）和阿尔佛雷德大帝（Alfred The Great）（图 48）。阿尔佛雷德大帝曾是九世纪后半叶大英帝国的前身盎格鲁—撒克逊时期威塞尔斯王国国王，也是英国历史上第一个以“盎格斯—撒克逊人的国王”自称且名副其实之人。接着是莱克格斯（Lycurgus），一个生活在公元前七世纪的古希腊哲人、立法者，他和后面的古希腊立法家梭伦（Solon）（图 49）都属“七贤”之一（梭伦的左手重做了）。最后三个雕像分别是法兰西的法律改革家路易九世（图 50），他握着权杖的手是新做的；第一个编撰了罗马帝国法律的东罗马帝国皇帝施丁宁一世（图 51），他伸在外面的半截左胳膊换了；还有一位是名叫摩奴的，可能是印度神话中的古印度《摩奴法典》的制定者。最靠右边的位子空着，原来站着穆斯林的先哲穆罕穆德，因为穆斯林反对真人崇拜，该雕塑遭到穆斯林团体抗议，因此在 1955 年挪走了。二十世纪八十年代有人还在法院的地下室里见到它，后来就失踪了，我想那一定是一件十分出色的作品。这件雕像的作者是查理·波尔伯特·洛佩兹（Charles Albert Lopez，1869—1906），一位十分

图 46
孔夫子雕像
可以看到鼻子和
上嘴唇被修过

图 47 摩西

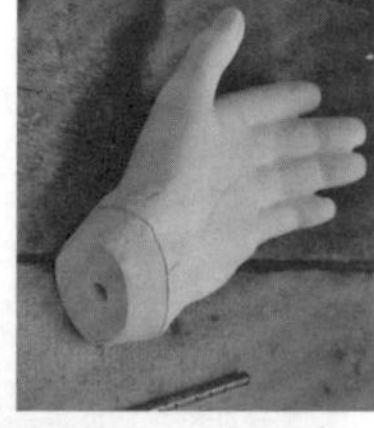

图 49
梭伦和他重做的手

图 48 梭罗亚斯特和阿尔佛雷德大帝

图 50
路易九世和他重做的握权杖的手

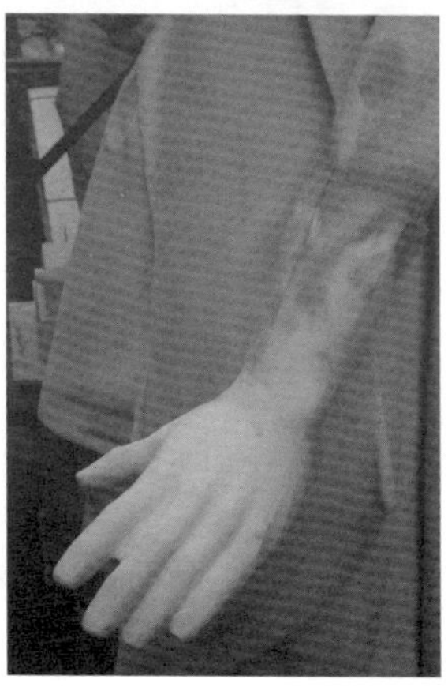

图 51 东罗马帝国皇帝施丁宁和他重做的左胳膊

坦砲台公園市，抗議政府不履行興建平價住房諾言，示威者穿睡袍、戴浴帽，模擬要「搬家」入住。

(本報記者邱紹璟攝)

& Housing Development)昨日在鄰近下城金融區、西邊快速道路旁發起這項抗議行動，該會權益維護主任格林堡(David Greenberg)表示，示威意在要求州長、市長和市主計長履行當初所簽定的「砲台公園市合約」，砲台

中的少部分，用在紐約市五區內建造中低收入戶住宅。

該會指出，過去20年來，協議中承諾將用在平價住房上的10億元盈餘金額，僅有不到15%用在中低收入戶住房上，市府想辦法鑽協議條文中的漏洞，逃避其應負的

等到申請到房宅，他已人世。

陳倩雯指出，這種現是冰山一角，華人社區多住宅過度擁擠的情況多年來一直面臨住房不問題，她呼籲市長、州可食言。

修復老雕像 陳師傅成翹楚

紐約州上訴庭屋頂孔子像剛完工 偶然入行闖出名堂

【本報記者謝朝宗紐約報導】最近才剛整修完成的紐約州上訴法庭，與華人很有淵源。除了有一位華人法官譚國籲外，法庭屋頂上代表各文化法典的雕像中，最北的一具是中國人的至聖先師孔夫子；而花了18個月、耗資1500萬元的修復工程中，雕像部分正是由華人雕塑修復家陳世嘉完成。

來自上海的陳世嘉表示，走上雕塑修復，純是偶然。在入雕塑行前，他是修汽車的。他說，「1969年我中學沒得念了，就去馬鞍山鋼鐵廠修汽車」。

等到1980年中國大陸的經濟和政治風向轉變，他就來了紐約，也才開始在學校裏學選了自己有興趣的雕塑和素描課程。但靠此維生卻直到1985年正覺寺建廟造佛像，他和幾個朋友得了工程，才第一次靠本行賺了錢。之後，他進了一家工程公司打工，參與中央公園噴水池修復，做一做他覺得「這好像也不怎麼難。」於是就在1990年和朋友合開了一家公司。

陳世嘉慢慢做出知名度，除了上訴庭，他經手的工程還有教育局(Tweed法院)、大都會博物館修道院、下城的恩典教堂(Grace Church)和三一教堂等。

陳世嘉說，做修復與雕塑的不同，就在分寸問題。要有三度空間的眼，看得出立體感。其次要會用工具，他說，「我的優勢就在修過汽車，工具用得很熟」。第三要知道適可而止。因爲最好的修復是讓人看不出修過，重修的部分要能與未修的部分吻合，如果雕像其他部分已經有磨損，修的地方也要有一樣的歲月痕跡。

「修復是要忠於原有的作品，所以不能有藝術家的態度」。以上訴庭的孔夫子像爲例，當初雕的人完全是憑想像，衣飾都不是先秦的服飾，孔子手中拿著一卷書卷，但是當時人還是用竹簡來書寫！陳世嘉說這也就只能留著它，不過孔子的鼻子全部磨光了，他倒是做了一個中國人的鼻子給安上去！

⬆紐約許多雕塑修復，都出自陳世嘉之手，包括新近完成的紐約州上訴庭屋頂的孔夫子雕像(圖左)。

➡陳世嘉在紐約已完成許多雕塑修復的工程，圖爲恩典教堂頂十字架。

(圖片由陳世嘉提供)

图 52 上诉法院大门组雕修复的报道

有才华的青年雕塑家。美国费城市政厅前陈列着他创作的人物雕塑，纽约大都会博物馆仍然出售他最出名的雕塑《短跑运动员》的复制品。最后，作为雕塑家和艺术评论家的佛莱德里克·鲁克斯塔尔（Frederick Ruckstull）创作了大门口《智慧》和《力量》的雕像（图 52），视觉冲击力非常强撼。每个走过这栋被昵称为“象牙盒子”的精致小楼的人，都不会对正面阶梯两旁的雕像视而不见。作为至高无上的法律的阐述者和裁定者的场所，雕塑家弥补了过于精致漂亮的小楼的气场不足。必须说明，大门口的雕像不是我修的。

上诉法院在二十世纪八十年代初期被修过一次，大部分人像雕塑的脸、胳膊、腿和手都曾被修复过，但是没有使用应该使用

的材料，而且那些人物被修复部分的雕刻水准实在让人不敢恭维。2000 年的工程，我们除了把所有 20 年前曾修补的部分重做了一遍，还修复了近 20 年来积累的新的损伤。这些雕塑的原材料是意大利卡拉拉（Karara）产的白大理石，就是米开朗基罗雕刻《大卫》的材料。这种大理石和中国的汉白玉差不多，非常细腻，是艺术创作的上等选择，西方雕塑家都爱用这种材料。但当我们要用的时候，已经找不到纯白的卡拉拉白大理石了。为了和原作相配，符合《威尼斯宪章》的“完整性（材料完整）”原则，建筑师们花了很大精力在原卡拉拉矿区的东南方一个叫拉萨（Lasa）的地方，找到了可能是属于同一个矿脉的材料。这个工程开始前，我得到这个工程承包公司老板的电话。这是一个巴基斯坦裔移民的小装修公司，他们直截了当地告诉我他们拿到了这个工程，但是没有任何古迹修复尤其是那么多人物雕塑修复的经验，需要我的帮助。我自然是义不容辞。但是我也纳闷，没有经验怎么敢去拿纽约最复杂的人物雕塑修复的工程？又是怎么拿到的？我没时间去考虑这些。我和那个老板素不相识，不知道他包括把我介绍给他的人是怎么知道我能把这个工程中最关键的部分拿下来的，我自己也是通过这个工程才知道自己有这个能耐。后来我才慢慢知道了一些内情：这个公司的老板曾经招待当时的纽约曼哈顿区长去巴基斯坦旅游了一次。那些事都发生在“9·11”以前。这座建筑是市政府的产业，财政拨款，工程直接由纽约市的设计和工程部门 (Department of Design and Construction, DDC) 负责，没有中间的经理公司。这就为后来出现设计不周、计划外项目、预算超支、拖欠工程款等问题埋下了伏笔。听说工程后来追加的项目费用数倍于原始预算。

这个工程中属于我们的有两个部分：所有人物雕像修复和外墙修复。工程中所有的人像雕塑都是由我一个人现场修复的，有的部件太大，需要助手帮助安装。外墙修复中包括平面和一般的建筑装饰，即是我划分的二等难度的工作，其中最困难的是重做正面三角形山花的两只角，称“跪膝”（Kneeler）（图 53）。原来的部分，布满了大大小小的裂缝，建筑师要把它们整块换掉。这件事情的难度在于必须要把石料安装后现场雕刻。我们的一位日裔雕刻师不辱使命，雕刻效果令人非常满意。我把纽约州最高法院上诉法院楼顶上的写实人物雕塑群的现场修复，列为第五级

图 53 跪膝修复前后对比

难度，是最高级。在清理了需要修复的部位后，人物雕像修复程序的第一步，我请了一位毕业于列宁格勒美术学院的俄国雕塑家来完成，他做了一个橡皮泥稿；经建筑师检查通过后开始第二步，翻一个石膏模型；第三步比照石膏模型的尺寸开一个大理石的初级大型；基本成型后，第四步用不锈钢螺丝杆和环氧树脂胶安装；最后用一具直径 10 厘米的金刚砂切割片的机器精雕细琢地把具体的型完成。所有大件的修复基本都是这个过程，比如脸、胳膊、腿和手。其他小的部分比如鼻子、手指、脚趾和嘴唇都是直接把石料安装好后直接雕刻。整个修复过程出乎意料地顺利。这样比较大规模的人物雕像修复机会很少，这栋建筑自从落成以后也是第一次真正意义上的大修，下一次再做大保养将是至少一个世纪以后的事了。

这么多雕塑大家的作品集中在一个屋顶上极为难得，被记录在纽约市艺术委员会的清单上也是必然的。如果不是参与了这个工程，我根本没有机会欣赏到这些大师作品。上诉法院小楼是市政府的产业，由市里的设计建设局负责经费和工程。因为是纽约市古迹保护建筑，所以纽约市的古迹保护委员会负责整个工程的技术指导；又因为雕塑群，市艺术委员会有责任对雕塑的修复加以指导。建筑事务局就是执行单位。不知为什么，这个项目没有人向市艺术委员会汇报。有一天工地上来了两个满脸怒火的女人，她们在工地上转了一圈就离开了。后来我才知道，这两个女人是从市雕塑委员会来的。幸亏我们的工作无可指摘，也没有什么后遗症。这种部门之间沟通不良的事情一般很少发生。

上诉法院一楼大厅墙上的壁画极其华丽，也被指定为室内古迹加以保护。玻璃穹顶的法庭明亮庄严，坐在里面令人肃然起敬又不那么容易感到枯燥。上诉法院的北面原来紧挨着一座名为“麦迪逊广场花园”的巨大建筑，这座建筑占了整整一个街区，是1883年成立的全国马术表演协会（The National Horse Show Association）为一年一度的马术表演而建的有17000个座位的美轮美奂的综合性建筑。除了表演场地，里面还有一个剧场、一个餐馆、一个音乐厅和一个巨大的屋顶花园。屋顶花园四周共有8座漂亮的伊斯兰风格的小亭子和纽约当年第二高的塔楼，一具维纳斯的裸体雕像不怕风吹雨淋好脾气地站在顶上。这座建筑于1890年6月16日对公众开放，马上就成为纽约市最时髦的去处。9年以后，上诉法院屋顶女儿墙上的先哲们就与维纳斯互诉衷情了。现在的上诉法院委屈地蜷缩在一栋黑色的玻璃大楼旁，几乎看不到昔日的风采。原汁原味的麦迪逊广场花园在1925年被拆除了，而另一座使用了相同名字的麦迪逊广场花园矗立在距原址不远的第七大道夹西第三十三街上，作为纽约市绝大部分室内比赛的首选场地，直到布鲁克林更大的室内体育场落成。好在上诉法院的西面是一座公园，从公园里还能看到这栋象牙盒子般的精致小楼的秀丽侧影。

纽约公共图书馆四十二街总馆两千多处装饰部位修复

纽约市公共图书馆是继大都会博物馆、美洲自然历史博物馆修复工程后，我跟着同一个建筑事务所和同一个总承包公司做的第三个纽约重要地标古迹的修复工程。这个工程的修复预算主要是图书馆的总裁化缘来的，政府也给予相当配比的补助。在美国如果向政府申请补助，政府往往有这样一个条件：你们自己去找钱，你们找来一元，政府配 (meet) 一元。也就是说，如果自己找来一千万元，政府就配你一千万元，这当然是根据工程预算和政府预算而言。也有二配一、三配一的。找钱是个本事，自身先要是有钱人，又要认识很多有钱人。所以，这样的单位，包括博物馆，第一把手都是能找到钱的人。

图 54 公共图书馆后的布莱恩公园

纽约市公共图书馆总馆位于第五大道476号，坐西向东，正门向着第五大道，一字排开，虽然不高，但是非常有气势。它的北面是西第四十二街，南面是西第四十街，西面到第六大道，由北而南占了两个街口，从东到西的长度几乎达到进深的两倍，偌大的地块上偏东的一半是图书馆，西面一半是一片草地（图54），叫布莱恩公园（Bryant Park）。图书馆西墙下有一家很受欢迎的法式餐厅，一直满座。那片一年四季大部分时间都绿油油的草地可是纽约的一个著名去处，平时草地上面懒懒散散地摆着一些铁制的桌椅，游人可以从街边的园亭中买杯咖啡，坐在椅子上享受人海车流中间的一小片难得的安宁。每年的春季和秋季，这里有两次时装表演，这是时装界的大事。每逢盛会，草地上会搭起一个大大的帐篷，旁边的第六大道和四十街上会挤满各种车辆、游客、模特和观众，熙熙攘攘，好不热闹！冬天结冰的季节，这片草地上又会被改建成一个室外溜冰场，对公众开放，好像不收门票，但是租用溜冰鞋要付费用，永远是人满为患。因为是在市中心，离时代广场又近，这里深受游客青睐。从感恩节到元旦那两个月里，溜冰场就让位于小手工业者和小商贩，这块草地上又会搭起一排排简易木屋，隔成一小间一小间地租给小商贩们，出售各色各样的特色手工艺品作为圣诞礼物。游客如织，比肩接踵，看热闹的人很多，生意应该不会太差。对来自世界各地的游客而言，纽约的一年四季，千姿百态，各领风骚。

图书馆是一栋由私人基金会运作的产权归市政府所有的建筑。它的前身是两个小型私人图书馆和一个私人信用基金会。这三个小单位曾经合用纽约拉菲耶街425号的一栋老房子，这座受保护的古迹建筑现在是纽约市公共剧场（这可能是相当于“外

图 55
纽约市公共图书馆总管前的狮子雕塑

百老汇”级别的演出场地了），我们也参与了它 2007 年的外墙面大修。1895 年，这三个单位决定把他们的资产整合，成立纽约市公共图书馆。新成立的纽约市公共图书馆的第一个决定就是建造新的市公共图书馆大楼。经过公开招标，优胜者的设计就成为新图书馆的建设蓝图。纽约市公共图书馆于 1898 年动工，到 1911 年落成，历时 12 年。总馆的整体建筑使用产自美国佛蒙特州的白大理石建造，这座俊朗的三层楼建筑可能是全美最伟大的一座“美术装饰风格”的建筑，漂亮而不显奢华，大气却又不令人觉得虚张声势。我尤其推崇正门前方的一对出自雕塑家埃德华 - 克拉克 - 波特（Edward-Clark-Potter）之手、用美国田纳西州出产的粉红色大理石雕刻的雄狮。这对雄狮是我至今看到的所有写实的狮子雕塑中雕得最好的。它们没有龇牙咧嘴，没有怒目圆睁，而是气定神闲地在闭目养神，反倒有逼人的王者威严，气场巨大（图 55）。这对森林之王有两个非常优雅的名字，南面一尊叫《耐心》（Patience），北面一尊叫《坚毅》（Fortitude）。雕塑家对狮子的表面处理手法老到，繁简得宜，是神态、气势、形象、名称的完美演绎。这对狮子与它们身后的建筑互相呼应，配合得天衣无缝。

纽约市公共图书馆总馆（图 56）的装饰修复的难度介于第三、第四级之间，难的部分如第五大道正面科林斯柱头等，其余都相对简单。我们因为做过科林斯柱头修复，所以对我们来说也不是真正有难度，只是工程量比较大而已。长年累月的多种原因导致这些装饰的许多部位风化侵蚀十分严重，我们经手修复的部位就有两千多处，都是有雕刻的部位。外墙平面的修复由我上级公司的工人做了。图书馆工程分三期：第一期做了西立面；第二期做了南立面和北立面；第三期做东立面，即正面，最复杂，数量也最多。原来工程规划的时候并没有近距离观察，等做到第三期，建筑师上了脚手架才发现那些柱头的损坏情况远比预计的严重，工程量一下子就增加了一倍。最主要的是房檐下的柱头上常年是大批鸽子居住的场所，大量的鸽子粪便极大地加速了大理石被侵蚀的速度，绝大部分雕刻的细部到了不得不换掉的地步。我们逛街的时候到处可以看到在许多建筑的屋檐下、窗棂上、装饰雕塑上都安装了倒刺或者细细的铁丝网，就是为了谢绝这些“和平天使”的进驻。于是，各方面都一下子担心是否能如期完工了。有一段时间，从客户到我们的总包公司、经理公司，每天都派人问我关于工期的事，好在我们还是齐心合力保质保量按时完工了，赶上了 2011 年的图书馆落成一百周年大庆，皆大欢喜。这个工程的顺利完成也得益于过去积累的经验，特别是推特法院工程和上诉法院工程。工程的基本工艺和流程，还是采用了相同的做法，使用产自佛蒙特州的白大理石作为修复用料，使用了不锈钢螺纹杆和环氧树脂胶作为黏合剂和加固桩。至于雕刻，那是我们的强项。说实在话，做过了前面的推特法院和上诉法院，这个图书馆工程对我们来说没有难度，只是工程量的突然增加暂时带来了一点压力，一旦上了轨道也就好了。

图 56 纽约市公共图书馆总馆外观

纽约市中央公园白塞斯达露台、公园大门等修复

打开纽约曼哈顿的地图（图 57），首先跃入视线的是在寸土寸金的曼哈顿岛中央有一块硕大的长方形翡翠般的绿地，这个大手笔就是纽约中央公园。公园南起第五十九街，北至第一百一十街，东面是第五大道，西面是西中央公园大道，相当于第八大道的位置。整个公园一共有 3.4 平方千米，被一道不高的石墙围着。公园里有 3 条主要马路连接东西方向，可以让汽车通过。墙四周一共有 20 个供行人车马出入的“门”（图 58），说是“门”，其实就是在围墙上断开形成通道的入口。1862 年，负责纽约中央公园建设工程的管理委员会决定以当年纽约市居民的主要身份为公园的“门”命名，这些名字中有“战士”“农民”“先驱者”“女孩子”“伐木工”“机械师”“矿工”“发明者”“儿童”“学者”“艺术家”“工匠”“商人”“女人”“猎手”“水手”“所有圣徒”“男孩子”，最后还有一个“陌生人”，好像是一份当年完全的纽约市民身份清单，一个都没少。如今叱咤风云对全世界呼风唤雨、举足轻重的“银行家”

图 57 纽约曼哈顿地铁图

图 58 门的照片

那时似乎还不成气候，倒是被“发明者”占了一席，可以看出那是一个充满创新的时代的开端，也旁证了“科学是社会发展的主要动力”。不过，不知道是什么原因，后来只刻了一道门的名字，其余19 个刻名 130 多年来一直没人顾及。1999 年 11 月份，中央公园维护保养委员会请我去把这些名字刻完了，完成了“先人们的未竟事业”。这是纽约市公园局负责人的业绩，他们组织了各大报纸的记者，在第五十九街第六大道上的“艺术家之门”（Artists' Gate）前搞了一个落成仪式，然后就火急火燎地离开了。过了两天，这个活动上了《纽约时报》的周五大都会版面，文图并茂，洋洋洒洒，并有完整的故事，写了满满一整页（图 59）。做这个工作，要求会使用基

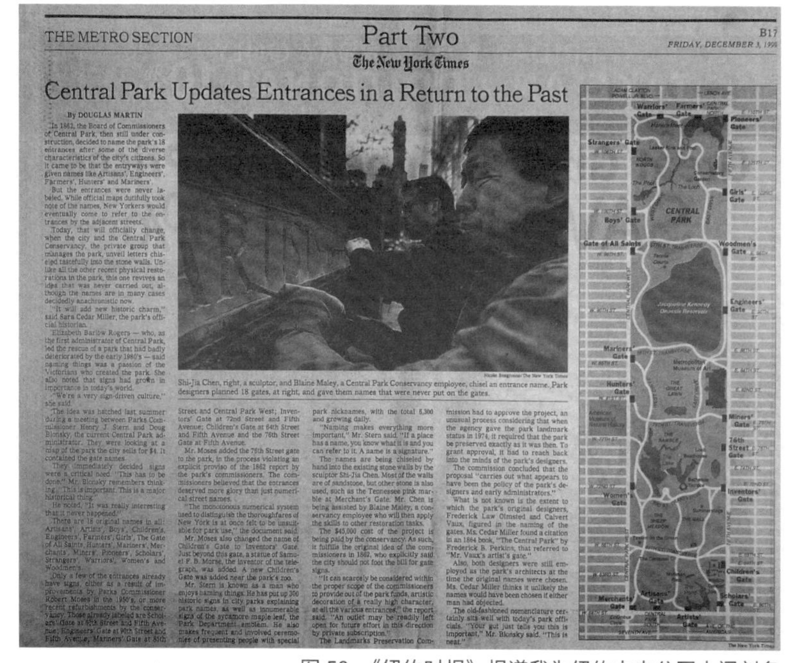

THE METRO SECTION Part Two B17

The New York Times FRIDAY, DECEMBER 3, 1999

Central Park Updates Entrances in a Return to the Past

By DOUGLAS MARTIN

In 1862, the Board of Commissioners of Central Park, then still under construction, decided to name the park's 18 entrances after some of the diverse characteristics of the city's citizens. So it came to be that the entryways were given names like Artisans', Engineers', Farmers', Hunters' and Mariners'.

But the entrances were never labeled. While official maps dutifully took note of the names, New Yorkers would eventually come to refer to the entrances by the adjacent streets.

Today, that will officially change, when the city and the Central Park Conservancy, the private group that manages the park, unveil letters chiseled tastefully into the stone walls. Unlike all the other recent physical restorations in the park, this one revives an idea that was never carried out, although the names are in many cases decidedly anachronistic now.

"It will add new historic charm," said Sara Cedar Miller, the park's official historian.

Elizabeth Barlow Rogers — who, as the first administrator of Central Park, led the rescue of a park that had badly deteriorated by the early 1980's — said naming things was a passion of the Victorians who created the park. She also noted that signs had grown in importance in today's world.

"We're a very sign-driven culture," she said.

The idea was hatched last summer during a meeting between Parks Commissioner Henry J. Stern and Doug Blonsky, the current Central Park administrator. They were looking at a map of the park the city sells for $4. It contained the gate names.

They immediately decided signs were a critical need. "This has to be done," Mr. Blonsky remembers thinking. "This is important. This is a major historical thing."

He noted, "It was really interesting that it never happened."

There are 18 original names in all: Artisans', Artists', Boys', Children's, Engineers', Farmers', Girls', The Gate of All Saints, Hunters', Mariners', Merchants', Miners', Pioneers', Scholars', Strangers', Warriors', Women's and Woodmen's.

Only a few of the entrances already have signs, either as a result of improvements by Parks Commissioner Robert Moses in the 1950's, or more recent refurbishments by the conservancy. Those already labeled are Scholars' Gate at 60th Street and Fifth Avenue; Engineers' Gate at 90th Street and Fifth Avenue; Mariners' Gate at 85th Street and Central Park West; Inventors' Gate at 72nd Street and Fifth Avenue; Children's Gate at 64th Street and Fifth Avenue and the 76th Street Gate at Fifth Avenue.

Mr. Moses added the 76th Street gate to the park, in the process violating an explicit proviso of the 1862 report by the park's commissioners. The commissioners believed that the entrances deserved more glory than just numerical street names.

"The monotonous numerical system used to distinguish the thoroughfares of New York is at once felt to be unsuitable for park use," the document said.

Mr. Moses also changed the name of Children's Gate to Inventors' Gate. Just beyond this gate, a statue of Samuel F. B. Morse, the inventor of the telegraph, was added. A new Children's Gate was added near the park's zoo.

Mr. Stern is known as a man who enjoys naming things. He has put up 300 historic signs in city parks explaining park names, as well as innumerable signs of the sycamore maple leaf, the Park Department emblem. He also makes frequent and involved ceremonies of presenting people with special park nicknames, with the total 5,300 and growing daily.

"Naming makes everything more important," Mr. Stern said. "If a place has a name, you know what it is and you can refer to it. A name is a signature."

The names are being chiseled by hand into the existing stone walls by the sculptor Shi-Jia Chen. Most of the walls are of sandstone, but other stone is also used, such as the Tennessee pink marble at Merchant's Gate. Mr. Chen is being assisted by Blaine Maley, a conservancy employee who will then apply the skills to other restoration tasks.

The $45,000 cost of the project is being paid by the conservancy. As such, it fulfills the original idea of the commissioners in 1862, who explicitly said the city should not foot the bill for gate signs.

"It can scarcely be considered within the proper scope of the commissioners to provide out of the park funds, artistic decoration of a really high character, at all the various entrances," the report said. "An outlet may be readily left open for future effort in this direction by private subscription."

The Landmarks Preservation Commission had to approve the project, an unusual process considering that when the agency gave the park landmark status in 1974, it required that the park be preserved exactly as it was then. To grant approval, it had to reach back into the minds of the park's designers.

The commission concluded that the proposal "carries out what appears to have been the policy of the park's designers and early administrators."

What is not known is the extent to which the park's original designers, Frederick Law Olmsted and Calvert Vaux, figured in the naming of the gates. Ms. Cedar Miller found a citation in an 1864 book, "The Central Park" by Frederick B. Perkins, that referred to "Mr. Vaux's artist's gate."

Also, both designers were still employed as the park's architects at the time the original names were chosen. Ms. Cedar Miller thinks it unlikely the names would have been chosen if either man had objected.

The old-fashioned nomenclature certainly sits well with today's park officials. "Your gut just tells you this is important," Mr. Blonsky said. "This is neat."

Shi-Jia Chen, right, a sculptor, and Blaine Maley, a Central Park Conservancy employee, chisel an entrance name. Park designers planned 18 gates, at right, and gave them names that were never put on the gates.

图 59 《纽约时报》报道我为纽约中央公园大门刻名

本电动工具，气动雕刻工具，懂得写英文字母的印刷字体，会点排版功夫，并不难。中央公园维护保养委员会替我安排了一个助手，一个从外州来的小伙子，很聪明，我指点一二，他很快就上手了。

中央公园曾经是一片私人领地，领地上有大片草地，大小不一的湖泊，密密麻麻的大树，还有裸露在草地上的错落起伏、大块大块的黑色岩石。这些岩石的表面光滑圆润，还能看到许多南北走向极深又长的划痕，这些由上一次冰河时期留下的痕迹是大自然给予纽约市民的馈赠。只要想象一下，一望无际足足有 300 米高的冰原悄无声息、不由分说地从今天的曼哈顿岛上碾压而过的那种气势就能令人窒息！据说，土地的主人把这片地捐给市政府时有个附加条件，就是永远不作商业用途。1858 年，市政府成立了专门负责纽约中央公园建设工程的管理委员会，挑选了两名设计师弗雷德里克·劳尔·奥姆斯特德（Frederick Law Olmsted）和卡尔弗特·沃克斯（Calvert Vaux），提出“在自然主义的景观中，使各种背景的城市居民都能打成一片，从生活的乐趣中找到喘息的机会”的理念，设计了今天的中央公园。设计很好地体现了十九世纪中叶纽约曼哈顿这样一个抱有自然主义态度和理想的小社会。现在，每当阳光和煦明媚的周末，不论是在名人林荫道上散步的情侣，还是坐在白塞斯达的水神大喷泉旁的石凳上看玩肥皂泡的大人小孩，甚或是环绕公园骑自行车、慢跑的健身者，都尽情享受着纽约繁华都市中间这片绿地、绿地上空的太阳、浸泡着阳光绿地和人们的清甜的空气，不分高低贵贱，完美演绎了当初的设计理念。纽约市公园局决定完成公园围墙门名字的雕刻，为当年的设计理念画上了一个完美的句号。而这个句号是由我亲手画的，深感荣幸之至。

图 60 白塞斯达露台照片

纽约中央公园是全美第一个大型公众休息场所，成功地影响了从那以后整个美国的公众公园的设计。公园四周围墙旁看不到一个商业设施，唯一的一个大型建筑群是非营利的大都会美术博物馆。即使是非营利的博物馆，它的外部尺寸也受到绝对限制，不可以增高，不可以向四周扩张，以至于博物馆除了另辟分馆就只能向地下扩建了（最近一次就是在美洲馆的地下新建了一个大库房）。中央公园里有一个可供划船的湖，呈“V”字形。白塞斯达露台（图 60）建在湖的底角旁。露台中央有一座高高的青铜雕塑《水神》—— 一个长着一对灵动翅膀的体态婀娜的美女，她的脚下是一个圆形的喷水池。露台挨着湖边，原来划船码头的两边各有一座插着 30 英尺高的旗杆的石雕圆座，彩旗是窄窄的长条，我总觉得像古代中国常用的“幡”。因为旗杆太高，原设计在旗杆下部设计了同为青铜的护套，有 12 英尺高，底部直径 4 英尺。护套在第二次世界大战期间失踪了，旗杆也不见了，直到 1987

年 7 月才重新复原。新的护套用青铜浇铸，泥稿是我根据老照片还原的（图 61），中间那一段最复杂的细节无法看清，用的是我的设计。露台的另一面是两座平缓宽大的石阶，两边装饰着华丽的高浮雕，两座石阶中间有一个地下通道，通道顶上是车马道，穿过通道就是另一边的露天音乐厅。在阳光灿烂的日子里，大约 5000 平方英尺的露台里总是吸引了大量游客，尤其在周末，往往人流如织。

中央公园是我进入古迹修复行业做的第一个工作的地方。1986 年，我偶然加入了正在参与修复中央公园的一个被命名为“白塞斯达露台（Bethesda Terrace）”的工程公司。那时做古迹修复的公司很少，因为古迹修复的要求和条条框框很多，一般建筑公司嫌麻烦，不愿意做。我的老板是两位女艺术家。其中一位原先受雇于中标的工程公司，她使用橡皮泥按照老的档案照片做回损坏遗失的装饰部位，然后送去印第安纳州的石灰石矿，请那里的雕刻师傅照样雕成石头，再运回来安装，一来一去费用不菲。她的老板嫌麻烦，要她自己成立公司，把这部分工作直接分包给她。我受雇之后专门做修补的工作，这是我第一次接触修复工作。女老板告诉我，建筑师要求使用不锈钢螺纹杆作为加固件和“阿基米（Akimi）”牌子的聚酯类的黏合剂，其他所有的工艺和工序都要我自己设计执行。工作的具体内容是修补露台范围内破损的建筑装饰构件（图 62），负责的项目建筑师要我先做一块样板（图 63），这个样板现在还完好无损地安在原处。当然，现在我做得会更好一点。后来老板又给我增加了安装一些装饰部件的工作，我还为此设计了一个专用工具，几年后申请了发明专利（图 64）。我觉得古迹修复非常合我的心意，可以用到我的雕塑技巧、

图 61 旗杆护套泥稿

图 62 几处白塞斯达露台上修复的装饰构件

图 63 第一块修复的样板

对装饰雕塑的理解能力和驾驭工具的能力，与艺术创作有距离但不太远，不会和我的艺术追求相混淆，不会对我的雕塑风格产生干扰。而且，做古迹修复不会那么枯燥，每个工程都有所不同，极具挑战性，还有机会接触到大师作品，和他们进行近距离的心灵交流。我始终非常享受修复的过程，享受如期完工的喜悦，享受克服了高难度挑战的成就感。

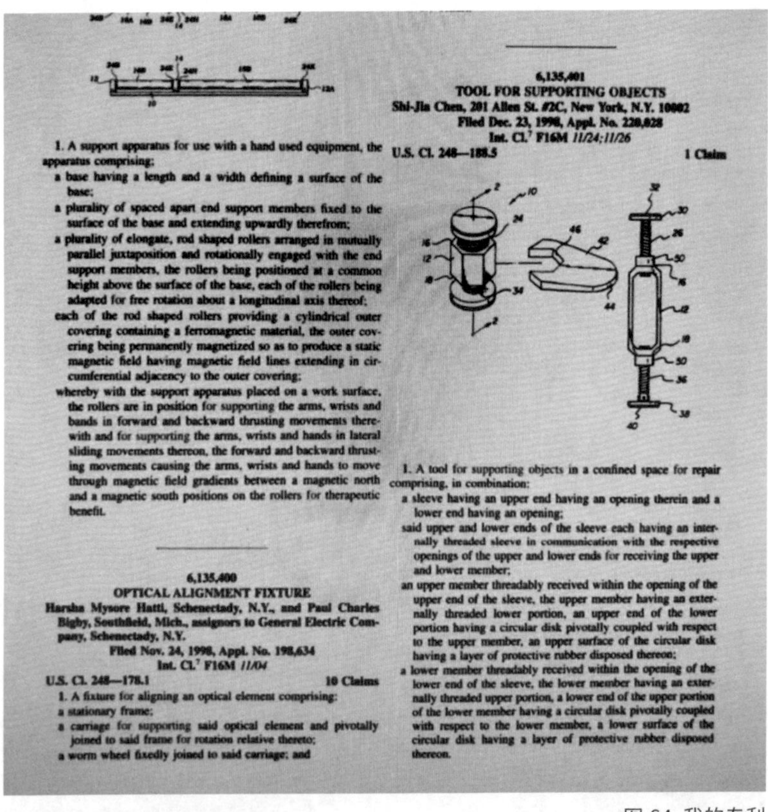

1. A support apparatus for use with a hand used equipment, the apparatus comprising:
a base having a length and a width defining a surface of the base;
a plurality of spaced apart end support members fixed to the surface of the base and extending upwardly therefrom;
a plurality of elongate, rod shaped rollers arranged in mutually parallel juxtaposition and rotationally engaged with the end support members, the rollers being positioned at a common height above the surface of the base, each of the rollers being adapted for free rotation about a longitudinal axis thereof;
each of the rod shaped rollers providing a cylindrical outer covering containing a ferromagnetic material, the outer covering being permanently magnetized so as to produce a static magnetic field having magnetic field lines extending in circumferential adjacency to the outer covering;
whereby with the support apparatus placed on a work surface, the rollers are in position for supporting the arms, wrists and bands in forward and backward thrusting movements therewith and for supporting the arms, wrists and hands in lateral sliding movements thereon, the forward and backward thrusting movements causing the arms, wrists and hands to move through magnetic field gradients between a magnetic north and a magnetic south positions on the rollers for therapeutic benefit.

6,135,400
OPTICAL ALIGNMENT FIXTURE
Harsha Mysore Hatti, Schenectady, N.Y., and Paul Charles Bigby, Southfield, Mich., assignors to General Electric Company, Schenectady, N.Y.
Filed Nov. 24, 1998, Appl. No. 198,634
Int. Cl.[7] F16M *11/04*
U.S. Cl. 248—178.1 10 Claims
1. A fixture for aligning an optical element comprising:
a stationary frame;
a carriage for supporting said optical element and pivotally joined to said frame for rotation relative thereto;
a worm wheel fixedly joined to said carriage; and

6,135,401
TOOL FOR SUPPORTING OBJECTS
Shi-Jia Chen, 201 Allen St. #2C, New York, N.Y. 10002
Filed Dec. 23, 1998, Appl. No. 220,828
Int. Cl.[7] F16M *11/24;11/26*
U.S. Cl. 248—188.5 1 Claim

1. A tool for supporting objects in a confined space for repair comprising, in combination:
a sleeve having an upper end having an opening therein and a lower end having an opening;
said upper and lower ends of the sleeve each having an internally threaded sleeve in communication with the respective openings of the upper and lower ends for receiving the upper and lower member;
an upper member threadably received within the opening of the upper end of the sleeve, the upper member having an externally threaded lower portion, an upper end of the lower portion having a circular disk pivotally coupled with respect to the upper member, an upper surface of the circular disk having a layer of protective rubber disposed thereon;
a lower member threadably received within the opening of the lower end of the sleeve, the lower member having an externally threaded upper portion, a lower end of the upper portion of the lower member having a circular disk pivotally coupled with respect to the lower member, a lower surface of the circular disk having a layer of protective rubber disposed thereon.

图 64 我的专利

大都会美术博物馆修道院分馆哥特式教堂花格窗修复

纽约市的古迹建筑绝大多数仍然在使用中。修复的首要功能就是延长这些建筑的使用寿命。使用传统工艺结合现代科技成果对纽约市仍在使用的纽约市和联邦政府指定的古迹保护建筑物进行修复是通用做法。这是各个方面综合考虑的结果。原始风格一定要保留，历史传统必须要延续，修复成本不能不顾及，建筑寿命当然最重要。经修复的部位严格地说都具有建筑构件的基本功能，不管是罗马科林斯柱头，还是哥特教堂的花格窗户。我们团队是纽约修复复制哥特式花格窗户最多的，总共有 30 多座，主要集中在大都会美术博物馆修道院分馆和位于百老汇大道第十街的格雷斯教堂。

除了高耸入云的尖塔以外，石质花格的彩色玻璃窗也是哥特式教堂的一个显著特点。窗格的设计从简单到复杂，伴着时间的渐进，有一个演化的过程。纽约大都会美术博物馆修道院分馆的 3 座十二世纪早期哥特式花格窗或许是目前仍在功能性使用的年代最早的花格窗了。

曼哈顿岛像一颗晶晶亮的长粒大米，修道院分馆位于纽约曼哈顿岛的最北端，米粒的尖尖上面。乘 A 线地铁到 207 街站下，穿过富泰公园（Fort Tryon Park），修道院分馆位于那一片的制高点，景色宜人（图 65）。严格地说，修道院分馆是富泰公园的一个独立部分，就像梵蒂冈在罗马城里一样。修道院分馆负责保管和展出大都会博物馆的欧洲中世纪艺术作品。如同世界上所有地区所有民族，早期建筑和艺术都与宗教密不可分，中世纪的欧洲艺术也是一样。除了绝大多数展品的构思源于宗教故事，还有小部分反映市井民众的日常生活，甚至赌博、酗酒、打架等，非常生动。这些内容今天我们不会用到美术创作中，可见当时的艺术家和工匠接到订单任务时，并没有被限制创作主题，完全由着他们天马行空，放手创作，直接从他们最熟悉的题材中信手拈来。博物馆中几乎所有建筑构件的展品，都来自一位法国建筑师收集的欧洲各地被拆卸的老建筑部件，有门、窗、壁炉、廊柱、祭台、墙饰、浮雕、圆雕、喷水池、壁毯、家具，甚至还有小教堂、石棺等，绝大部分和教堂、修道院有关，约翰·洛克菲勒把这些收藏整体买

图 65 修道院博物馆外景

了下来（图 66）。修道院分馆是约翰请建筑师根据这些藏品专门设计的，许多可穿越的门、透视的窗、歇息的院子，都来自十二到十六世纪的中世纪欧洲，甚至有专人照料的花草果树也是当时的常见品种。我们在那里前后做了大小十几个工程，小到替换一根即将倾倒的石柱，大到 3 座十二世纪早期哥特式花格窗的现场修复和 4 座十五世纪晚期哥特式花格窗的异地修复和安装。这些大大小小的修复工程，有的是由建筑师推荐的，有的是博物馆直接委托我。修道院博物馆的经费来自总馆大都会博物馆。

图 66 修道院博物馆内景

图 67 早期哥特式展厅施工现场

图 68 哥特花格窗修复前

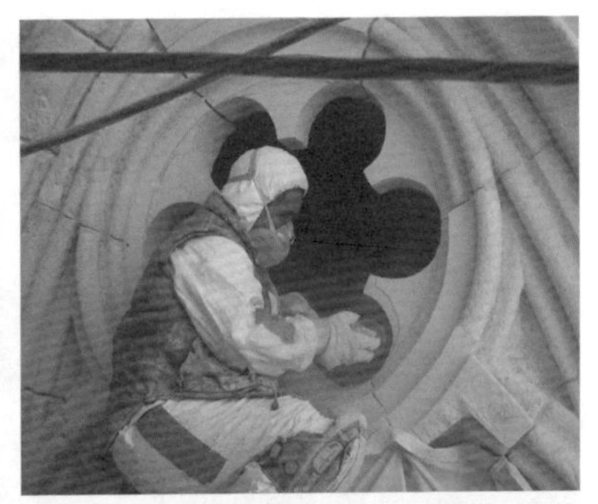

图 69 早期哥特式窗修复过程

修道院分馆有一个早期哥特式展厅（Early Gothic Hall）（图67）和一个晚期哥特式展厅 (Late Gothic Hall)。早期哥特式展厅的重量级展品是3座十二世纪哥特式花格窗，有将近900年历史，窗格已经走形，看得出几百年来已经被修补了不知多少次，补丁叠补丁，千疮百孔，早已不堪重负（图68）。长期以来，这三座窗是被封死的，从里面看不到窗外的四季风光，外面的光线也无法透进丝毫。我们花了3个月时间在现场把它们修复。这3座窗来自法国，用的都是法国产的石灰石，比美国产的石灰石要细腻，我们称之为“奶油（creamy）”，修复时要去法国原矿买一样的石料。基本工作流程还是差不多照旧，把明显不堪重负的破损部位切掉换上新的石材，使用不锈钢螺纹杆和环氧树脂胶，然后再按照原设计把形做出来。3座窗上3个圆形部分是在工作室先切割了“总成”粗形，现场安装后再完成造型（图69）。这3座早期哥特式花格窗总共换了将近百分之四十的石材，照片里可以看出颜色略有不同，新的石材颜色黄嫩一些，老的石材显得灰白一些，已经褪色。曾有专家来检查我们的工作，很满意，说：“你们可以写专业论文了！”博物馆把窗子修复后用作同时代彩色玻璃的展示。早期教堂的彩色玻璃窗一般都是简单的图案，后来许多教堂的大玻璃窗就成了上好的“宗教宣传栏”，制作了精美的宗教故事题材的彩色玻璃画，光线从玻璃后面射来，既是空间的点缀，又为信徒带来心灵的慰籍。博物馆库房里存有许多漂亮的早期彩色玻璃。似乎每个大型博物馆都面临着库房和展出空间不敷使用的问题。为了展出，博物馆要我们专门在早期哥特式展厅里的一堵墙上另外做两个较小规模的窗来展出更多的彩色玻

图 70 早期哥特式窗修复后的外观

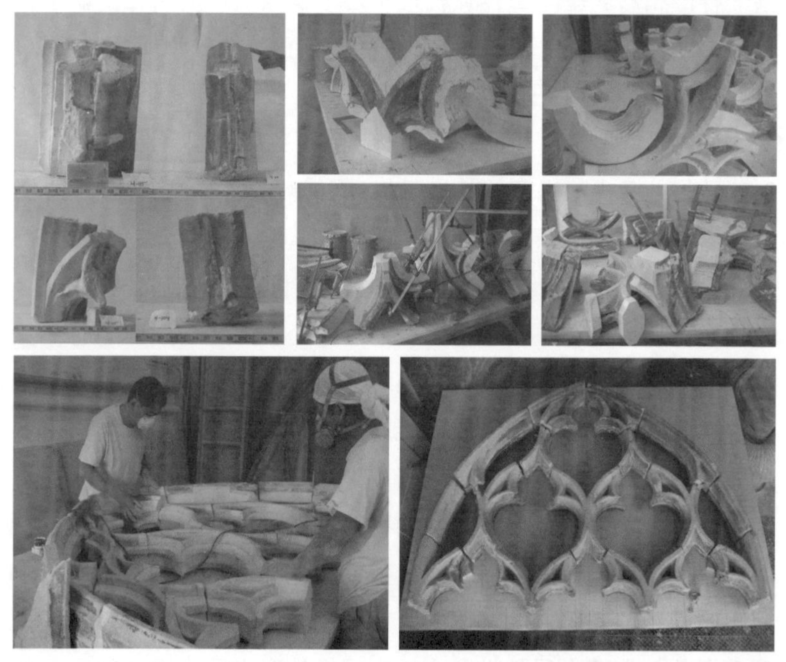

图 71 晚期哥特式窗的修复过程

璃。这三座窗修复后，没有了原来的密闭隔断，早期哥特式展厅就和窗外今天的纽约连为一体，窗子成了穿越的通道，有种奇幻的时空感（图 70）。

晚期哥特式展厅（Late Gothic Hall）的 4 座花格窗又采用了另一种修复方法（图 71）。这 4 座窗先由博物馆内部的工作人员拆下来，对每一块石头都编了号，包装好，运到我的工作室。因为这是博物馆藏品，送到博物馆外去修复是非常慎重的。我们特地安装了警铃以防不测。这些窗都是十五世纪的，在过去的四五百年里，同样风餐露宿，饱经风霜，彩色玻璃被装上拆下好多次，安装玻璃的部位修补的痕迹不忍卒睹。设计师问我，能不能把所有老补丁全部挖掉，用新的材料做一个大的彻底的修复，希望能通过这样的修复，提高花格窗的整体强度，极大延长这些十五世纪古董的寿命，最重要的是仍然保存十五世纪的风格，延续传统。我说："你怎么设计我就怎么做。"我们收到十几箱窗子的部件后，第一件事就是建立一个完整的原始档案，把每一块部件的 4 个面和后来的每一道工序都拍了照片。我们根据计划分工合作，切掉老的补丁，准备新材料（这些窗子也是用法国石灰石制作的），进行黏合、造型，最后还把安装玻璃的位置找了回来。这些窗子都有彩绘玻璃，原来都在使用中，因为破损太多，遇到雨天漏水不止。4 座窗总共 156 块构件，我们修了 155 块，有意留了基本完整的最小的一块没有做任何变动。修复以后我们将 156 块构件安复原位，重新安装完毕的窗子和过去看不出两样，但可以不用再担心下雨的日子了（图 72、图 73）。这样的工作如果没有环氧树脂胶是不可能完成的。

图 72 晚期哥特式窗的安装

图 73 修复后修道院公馆晚期哥特展厅外观

小杰姆斯·蓝威克设计的两座知名教堂修复

除了修道院博物馆的老古董哥特式花格窗以外，纽约本地的格雷斯教堂的哥特式花格窗也有着数一数二的高龄（图 74、图 75）。

从那只出名的铜牛起，溯“汇”北上，在第十街，百老汇大道开始微微向“六点零五分”偏了方向。纽约市的格雷斯教堂（Grace Church）就坐落在这个拐点上，准确地址是百老汇大道 802 号。原来的格雷斯教堂是一座木建筑，与英国女王同教的圣三大教堂（Trinity Church）隔着一条既窄又短的莱克多街（Rector Street）比肩而立，而圣三大教堂正对着华尔街（Wall Street）。随着纽约岛南端港口的日益繁华、人口迅速膨胀，十九世纪四十年代格雷斯教堂决定迁到现在的地址。教堂的主事们在社会上公开征集最佳方案，最后从 3 位应征者中选择了最年

图 74 格雷斯教堂外观

图 75 格雷斯教堂鸟瞰

图 76 铜牌

轻的一位来担任教堂的设计工作，他就是后来设计了第五大道上夹在第五十街和第五十一街的圣派特里克大教堂（Saint Patrick Cathedral）的建筑师小杰姆斯·蓝威克 (James Renwick, Jr.)，当时他只有 23 岁。对有潜能的年轻人来说机会极其重要，据说小蓝威克的舅舅是教堂的主事之一。这个年轻人不负众望，新的格雷斯教堂以其精致轻巧、美观脱俗令人耳目一新，被评为是当前美国最重要的早期哥特文艺复兴式典型建筑之一。那时哥特式教堂主要流行于欧洲法国一带，在美国还是新事物。1846 年，教堂主建筑在落成后的半个世纪内又协同六七名建筑师，陆续添造了六七个具有不同功能的附属部分，但基本上还是延续了小杰姆斯·蓝威克的风格，最终形成了如今这样一个建筑群落。格雷斯教堂是小杰姆斯·蓝威克的入世之作，为他后来赢得纽约市中心最重要地标建筑圣派特里克大教堂的设计资格打下基础。

和所有纽约市的公共地标建筑一样，格雷斯教堂正面外墙钉着一面铜牌（图 76），说明这座教堂被指定为国家古迹，因为它的教堂大殿有着与众不同的轻巧的拱形结构天花设计、知名彩色玻璃艺术家设计制作的有 3 层套色的圣经题材的彩色玻璃窗和一个雕满了圣徒和天使的大理石的室外布道坛（图 77）。自二十世纪九十年代以来，我们前后 6 次介入了格雷斯教堂的局部修复工程。修复了教区长住宅大门口的装饰；重新雕刻复原了已经失去所有细节的小教堂门外两根柱子上部的尖塔、尖塔上方的顶饰和尖塔下面的基座；教堂主塔上半部的重建以及下部装饰的复制重配；二十几个哥特式花格窗的修复和复制。遗憾的是，在加速风化的大理石布道坛还没有被提上修复日程，眼看着原本栩栩如生的人物的细部越来越少，令我着实心痛不已，却无可奈何。现在它还能复原，往后就越

图 77 现在的大理石布道坛

图 78
从教堂尖塔的脚手架上往南看，
可以看到海港的水面

来越难了。我感觉那些人物的雕刻手法和大都会博物馆美洲馆内的《天使楼梯》很像，可能也是卡尔·比特的作品，但是找不到证据。

纽约的房屋局把教堂定位为三层楼建筑，格雷斯教堂也不例外，但是教堂的主塔足有十多层楼高，其他围墙上的尖塔也有五六层楼高。站在十字架旁的脚手架上，顺着百老汇大道一眼可以望到南端波光粼粼的东河水（图 78）。我好几次站在主塔的墙下，顺塔尖往上观察，感受尖塔的意义。我闭着眼睛，仿佛尖塔化身为许多信徒高举的手臂，竭力向上，试图与云端里伸出的手相接，犹如米开朗基罗画的西西里教堂的天花的场景再现，仰起的嘴不自觉地发出单一的“啊”声，汇集成潮，渐渐地在我耳朵里形成轰鸣。我认为这就是设计的初衷，虽然我并不是信徒，但是我喜欢格雷斯教堂的秀气挺拔。很早以前，我曾经画过一张它的素描，现在找不到了。

格雷斯教堂的小教堂造在教堂大殿的南面（图 79），小教堂

图 79 格雷斯教堂的小教堂

图 80 我和建筑师在尖塔顶饰修复现场

专为私人进行小规模的宗教仪式，小教堂里面另外有一扇小门与大殿相通，是为了方便教堂的执事们。小教堂的正门在院子里，信徒们可以经由院子的铁围栏上的门进入。小教堂是小杰姆斯·蓝威克和别的设计师共同设计的，细部和主教堂有区别。小教堂门口一对柱子尖塔左边一个被旁边的一棵大树劈倒了，右边的一个被风化得像我们小时候吃的打蛔虫的宝塔糖，细节全看不到了。从照片上看，尖塔的装饰和主教堂的不同，而且整个格雷斯教堂没有相似的。我根据建筑师的要求做了设计和模型，得到认可以后复制了尖塔和顶饰（图 80）。尖塔底下两个基座四周各有 8 个人头，150 几年来饱经岁月摧残，只余下模糊的骨架，好在还能勉强分辨出男女和帽饰。因为没有原始的设计图或照片可以参考，于是我找了 16 个朋友拍了头部特写，轮廓线条最好和原作接近，因为我认为 16 个人的头骨应该有显著不同的特征（图 81）。

格雷斯教堂的大殿是教堂的主要活动场所，一个挑高两层楼的空间，有大小将近 40 个哥特式花格彩色玻璃窗，除去 3 座大窗之外，其余都是高 14 英尺、宽 7 英尺的小窗，分上下两层，每一扇窗子的彩色玻璃都有以圣经故事为主题的画。只要教堂开着，总有人进来，安安静静地坐在长椅上，祈祷，忏悔，或休息，不管穿着什么样的衣服，都表现出虔诚的缄默。我很喜欢彩色玻璃中的蓝色，不同的蓝，似水，像天，给人安宁，永不褪色。二楼的窗都经过我们不同程度的修复。第一次是在二十世纪九十年代，建筑师要求以彩色玻璃为界，把向外的一半石头切掉，换新的石材，使用环氧树脂胶和不锈钢螺纹杆把新旧两半结合在一起。原作每个窗的花格部分仅仅是由两块石头组装而成，只有中间一条拼缝，但由于重量和体积的限制，修复时无法做到仍保持两块，所以我

图 81
尖塔底座人头雕刻
前后对比

图 82 防尘设计

们把它分作 7 块。这个工程有大量的现场切割工作，产生许多灰尘，彩色玻璃取下以后，教堂的日常活动还必需维持，所以怎么样做好室内防尘就非常重要。我设计了一个相当简单有效的防尘系统，等玻璃修复团队把彩色玻璃全部取下以后，我们首先用夹板把窗子和室内隔开，用钢绳把夹板与窗外的脚手架拉在一起，室内夹板和墙面接触的部位用海绵封住，从而基本上达到了设计要求（图 82），接下来再把要换掉的部分切掉。第二步是以余下的一半为大样，做好 7 块样板，然后在工作室把大型切出来，到工地按序吊装。在使用了环氧树脂胶和不锈钢加强桩以后，还要用大铁夹子把两边夹紧。安装完毕后，我们在现场再把细部做出来。这样一扇窗子，大约两个人五六个礼拜就可以完工。后续大约有十五六扇窗子是用同样的方法修复的（图 83）。

2014 年的工程，我们又完全复制了 4 座同样尺寸的花格窗。完全复制比修复一半的难度要大一些：一是石头的厚度增加了一倍（上次是“把向外的一半石头切掉”，这次是从里到外整个厚度），但还是分为 7 块；二是花格中安装玻璃的位置不能变动，原来的彩色玻璃还是要复归原位。因此一开始就要把玻璃的复位放在第一位，花格的分解、模版、切割、做大型、细作、安装，最后还要把彩色玻璃的样板一块一块地试，直到所有的玻璃都能

图 83 格雷斯教堂花格窗修复过程，室外的一半换新

图 84 格雷斯教堂花格窗完全复制

舒舒服服地回归原位，并且是原风格、原传统（图 84）。到现在，我们为格雷斯教堂修复了三十几扇窗子，包括两扇大窗。加上修道院的 7 扇窗，我们在纽约是修复哥特式花窗最多的公司。格雷斯教堂的工程单位大部是由建筑师推荐的，我们直接和教堂签订工程合同。教堂的经费主要来自信徒的奉献。《圣经》号召信徒把收入的十分之一献给上帝，但教堂也不都是很有钱。纽约大约有 12 万个街区，有大约 6000 座属于各种宗教教派的教堂，平均每 20 个街区有一座。一个教堂是不是有充裕的经费，主要看教堂周围居民的情况。

圣派特里克大教堂建筑外部与花格窗修复

因为格雷斯教堂设计的成功，小杰姆斯·蓝威克取得了纽约中城圣派特里克大教堂的设计工作。除了小教堂以外，圣派特里克大教堂的大部分结构设计也是出自他手（图 85）。

1852 年，当地罗马天主教区买下位于纽约中城那两英亩土地时，那个地方还相当荒凉。22 年后的 1879 年，大教堂落成时，同样一块地方已经是纽约最好的住宅区之一，并就此一直保持着它的地位，和隔街相望的洛克菲勒中心一起成为纽约市的心脏。大教堂的地理坐标是北纬 40° 45’ 31” 和西经 73° 58’ 35”，以这一点为中心，以从这一点到曼哈顿岛最南端的线段为半径画一个大圆，右面超过圆的一半是纽约市，余下的属于康州和新泽西州。在纽约住久了，对于“三州”这个概念不会陌生，不知道和

图 85 圣派特里克大教堂外景

这个圆有没有关系。二十世纪八十年代初，在纽约市最萧条的日子里，竟然还有开发商出价 1 亿美元向教区购买这块黄金宝地，附加条件是另外找一块教区满意的地块，把教堂一块一块解体，搬去新址按原样复建。这样丰厚的开价令教区人士心动，只是由于古迹保护团体和社区团体的反对，这个交易才没有进行。2013 年，教堂进行首次大规模的清洁和整修。开始我们并没有在入选名单上。当时入选的团队不能做现场修复，施工方案是要经过现场测量，拿回工场加工，再返回现场比较，一般要经过几个来回，配件才能安装，安装后还要细部处理，这个过程很长，费用高出不少。主持的建筑师否决了那个团队，才有了我们加入的可能。这不但是因为我们有无可挑剔的修复经验和完美的工程记录，还因为我们是唯一一个能够在现场做艺术修复的公司。在现场做艺术修复能够大幅加快工程进度，提高工作效率和工程质量，同时又降低工程费用（图 86）。对管理部门来说，工程也更易管控。我们的工程不但要使业主满意，更要使自己满意。对我和我的公司来说，每一个工程都是一个值得回顾的脚印，都是历史的一笔。我从没有把工程仅仅当作谋生的手段，信誉是最重要的，和做人一样。曾有一位工程公司的负责人在开会时对纽约市有关部门的负责人说，是我们“把修复工作提高到了一个新的层次”。这是一种肯定，说明我们这些年的努力被注意到了。我很高兴，我们承受得起这样的评价。

我们加入维修圣派特里克大教堂的团队，从 2013 年年底开始到 2016 年年初结束，前后跨越 4 年，主要工作集中在 2014 年和 2015 年，总共修复了一千多处破损部位，有的位于墙上，有的位于尖塔上，有的位于花格窗上。修复工程针对的是建筑外部

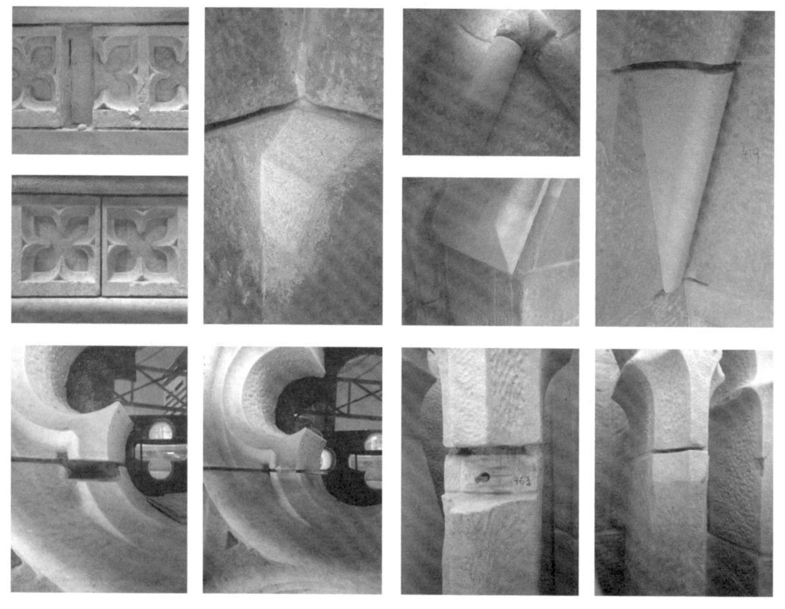

图 86 大教堂修复局部照片

和哥特式花格窗。工程期间，大教堂内部依旧对公众开放。纽约是世界排名第一的旅游热点，大教堂是一个重要的旅游景点，每天依然要接待川流不息、来自世界各个角落的游客。我们负责的这部分修复工作，遵照国际通用的修复原则，照例要求使用一致的原材料——一种美国佛蒙特州（Vermont）产的白大理石来作为修补原料。由于其中的一个主要矿场已经关闭，我们好不容易才找到从别的旧建筑上拆下来的同样的材料。好在工程量不是很大，如果工程量大了，根据这个大教堂的地位，要求重新打开已经关闭的矿场也是有可能的。

圣派特里克大教堂外观高大雄伟，但是它的外墙装饰相对比较朴素，没有太多花哨的部件。建筑师倒是在下城的格雷斯教堂用的心思更多一点。除去 3 层的彩色玻璃窗和那个将要被湮灭的大理石雕刻的全圣徒布道坛，我注意到它有一扇边门，其曲面装饰槽里的几十朵四方形的花竟然各不相同（图 87）！这和设计有关，但更与当时的雕刻师傅有关。早年的建筑设计师，往往也身怀装饰设计、绘画和雕刻绝技，譬如米开朗基罗。一个大工程不可能只有一两个雕刻师。他们必定非常享受雕刻的过程，满足于造型的喜悦。仔细揣摩百年以前的雕琢痕迹，你会发现，既刻意，又随意，还有些得意。那是只有十分热衷于自己手中工作的人才会有的感觉，使用机器无论如何不可能体会得到。雕刻师亲手带着创意雕刻，产生的温度会顿时使得冰冷的大理石变得亲和起来。这应该是心灵的交流。

多年来，我们按照建筑师的意图，使用多种不同的方式修复了将近 40 座哥特式花格窗。有局部现场修复，有完全半面重做，有完全异地局部修复现场重建，有完全复制重建，还有按建筑师图纸新做。几年以前，一位在联合国教科文组织世界文化遗产保护委员会工作的朋友告诉我，在塞尔维亚地区有一座很大的哥特式花格窗棂可能需要修复，问我有没有兴趣。照片中的残迹大概只剩下十分之一，悬在头顶，而整个花格窗的形状犹如中国陕甘地区窑洞的门脸，但是至少有四个大。这个工程要求先做设计，按残余部分把整个窗棂复原。我自然很感兴趣。这样的修复就需要安静地坐下来，从余下的部分去揣摩原设计者的构思和意图，补上遗失了的大部分。只是这个项目后来没有了下文，据说有限的经费被用到了别的项目。我真诚地期待，有一天能为世界上不同地区的文明做出自己的贡献。

图 87 格雷斯教堂边门方块花装饰

大都会美术博物馆外墙和展品修复

大都会美术博物馆是世界五大美术博物馆之一，除了总馆以外，还有两座分馆。总馆是主体，稳稳当当地坐落在纽约市中心的中央公园东面围墙正中，像极了镶嵌在一块巨大翡翠旁的钻石（图 88）。大都会美术博物馆的土地是属于纽约市政府的，而博物馆本身属于一个基金会形式的私人机构。也就是说，原则上大都会美术博物馆每年应该向市政府支付租金，当然这可能是一个象征性的数字。它的修道院分馆原址上只是一个修道院，被小洛克菲勒买下了。后来，联同他在法国买到的欧洲中世纪的古董建筑构件一起重建后捐给了大都会博物馆。还有一个分馆是原来的惠特尼美术馆，位于 3 个街区以外，现在专门展出大都会博物馆的现代艺术收藏。

The New York Times
WEEKEND Arts
The Met, Putting Its Best Face Forward
Revisit to Old Hero Finds He's Still Lively

图 88
大都会美术博物馆外观及报道

大都会美术博物馆的原始主体是一座维多利亚–哥特式建筑，从 1870 年开建，前前后后陆陆续续经过六波十来个建筑师之手，于 1926 年最终形成今天的规模。而后在 1967—1990 年，内部有过一次大的改建。偌大的一座建筑，其局部维修、小规模改建似乎从未消停，经费主要来自私人捐献，还有一些信托基金支持着博物馆的运作。门票收入在过去只是不起眼的部分，现在也被认真当作一个收入来源了。对我来说，大都会美术博物馆是一座神圣的殿堂，也是绝大多数到纽约的游客必定要朝拜的地方。

我第一次参与大都会美术博物馆的修复工作是在 1996 年，正值埃及馆的大保养。埃及馆是大都会博物馆四百多个展厅中最大的一个，装着整个埃及政府送给美国政府的丹铎神庙（Temple of Dendur），以及木乃伊、石棺和其他来自古埃及的珍宝，每一件展品的历史都以“千年”计。为了丹铎神庙，博物馆专门造了一个高大宽敞的展厅（图 89）。这个展厅的西面大部分突入中央公园，整面西墙和部分天花板都是玻璃的，采光极好。自 1978 年 9 月 27 日开放以来，这里不仅是游客喜欢的展馆，也是大都会博物馆举办许多庆祝活动的场所，有时还对外出借。丹铎神庙建造于 3500 年之前，它的落户为年轻的纽约增加了文化历史底蕴。丹铎神庙由山门和正殿组成，供奉的是代表母性和生育的神，实际上不大。山门是一个有顶的过道，正面墙上刻满了浮雕，下部的纸莎草和莲花图案代表哈比神（Hapy），就是尼罗河神，顶上带翅膀的圆盘代表太阳神（Horus）。后面的正殿分前后厅，游客可以入内参观。实际上可以进入参观的部分很小，进去 10 个人就无法转身了，因此，游客多的时候就会有工作人员来维持秩序，限定进入的人数。殿内墙上刻满了图案，花鸟草虫，很好看，也显得很神秘。

丹铎神庙的原址在阿斯旺水坝南 80 千米的纳赛尔湖区。为了建造阿斯旺水坝，纳赛尔湖区成了水坝的蓄水区。联合国教科文组织发起了一个大规模拯救蓄水区重要古迹的活动，丹铎神庙是其中的一个项目。当时埃及政府把丹铎神庙送给了美国政府，1965 年新寡的肯尼迪总统夫人和其他人代表美国政府出席了接收仪式。美国的科学工作者把神庙解体编号装箱运回国内，一共装了 661 个大木箱，解体后最重的一块石头重 6.5 吨。老照片中的神庙碎石遍地，破败不堪，正殿入口 3 块地面阶石缺失，在纽约大都会博物馆重建时，这些把缺失的部分都补齐了，新补的石块有意比原结构小了 1 厘米，说明“此处非原物”。正殿门口的 3 块阶石也被补上了，1996 年大修时又把这 3 块石头换新。我在大都会博物馆工作的修复专家朋友推荐我来为新换上的砂石的正面做旧（图 90）。做旧首先要破坏机器切割造成的平面，要在平整的表面布满凿子的痕迹：石匠一锤一凿找出的平面，经过千百年日晒雨淋，无数祈祷者的踩踏，表面边角磨损，再加上几十个世纪岁月的沉淀，饱经沧桑。展厅的墙上有丹铎神庙的老照片。照片上神庙孤零零地站在碎石遍布的湖床上，破败，无助，无可奈何，有一种在岁月的长河里经历了日复一日、年复一年冲刷挤兑后的麻木和无动于衷。我长时间站在这幅照片前面，闭上眼睛，揣摩公元前十五世纪的埃及石匠们穿着麻布短裙加工这些巨大石块的场景。我盯着神庙表面密密麻麻排列有序的凿痕，感觉到无数人影在面前匆忙来去，仿佛看到石匠们手中的凿子和舞动的铁锤。我有些疑惑：为什么凿子进入石块的角度那么陡？我看到同样密密麻麻分布在工地上的铁匠火炉，看到怀抱大把粗粗的杆、尖尖的头的铁凿来回穿梭的小助手们，突然有悟：那一定是因为

图 89 丹铎神庙

图 90 我做旧的正殿门前的台阶

当时铁的硬度不高，凿子的刃不能持久，凿子得握得陡一点才能切入石头，不然会打滑，尖尖细细也是同样的道理，“面积小，压强大”。我模仿前辈改装了我的凿子，使用相同的角度，试探着找到了最佳力度，试着把凿痕控制在相同的密度和深度。效果相当完美！凿完了，我再对表面进行必要的打磨处理，制造岁月的痕迹，最后上色。埃及馆的主管对我的工作十分满意，说：“这完全是我们想要的结果！”

2005 年和 2006 年，我们又参与了一次大都会博物馆外墙的大保养，使用和外墙一样的石灰石修补和替换了正面外墙的破损，修补和重新雕刻了博物馆正面最顶上一排数个女神头像（图 91、图 92、图 93）。

在大都会博物馆保养工程做具体修复计划阶段，主持工程的建筑师约我在博物馆的外墙上做了几处原材料修复的补丁样板。到约好的日子前一天，他打了一个电话给我，说第二天他临时有事，让他的助手陪我去，我当然没意见。可是一会儿我收到四五页从教科书上复印下来的传真，内容是怎么做这个工作。我一看脸都发白了，那是二十世纪六十年代的教科书，教的是我从工作的第一天起就摒弃的工艺。如果照这个工艺操作，那会是一场灾难。我马上打电话给那位建筑师的助手，要求马上去他的办公室见面，那时离他们下班还有一小时。我进入他们办公大楼电梯时，正好遇到主持工程的老建筑师，他提前回来了，挎着双肩包， 风尘仆仆，我一时没有认出他，倒是他认出我，好奇我为什么在这个时候出现在那里。我简单说明了情况，他没发表意见，但是到办公室后他马上把助手和另外一个建筑师叫在一起，和我一起开了一个四人会议。我用自己的经验力证那个老方法行不通（老方法是使用灰浆作黏结剂，这种方法会使得新旧石料结合处缝隙明显；从补丁的表面打洞安装加强桩，电钻的强力冲击一定会动摇补丁的黏合灰浆，因为这些补丁都不大，重量不能抵消冲击钻的力量。宽宽的灰浆缝和加强桩的眼，绝对会破坏修复处整体感，而且新的灰浆缝还会给雨水增加一条侵蚀的通道），建议使用我一贯用的工艺和材料。后来老的教科书工艺没有被使用，我建议的材料（环氧树脂胶）被局部使用（用在倒挂的修复部位上），

图 91 修复后的大都会博物馆的女神头像

图 92 修复中的女神头像

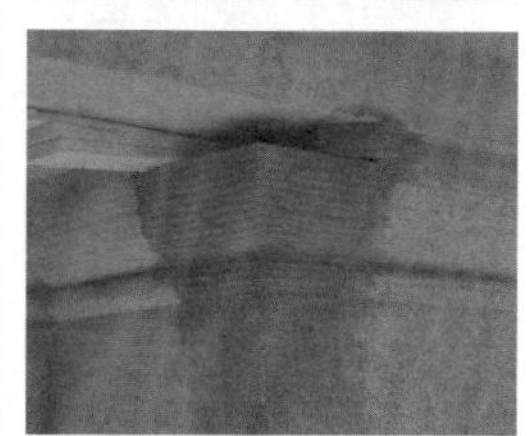

图 93 外墙修复

当时采用的工艺对我们来说是一种全新的做法。

大都会美术博物馆外墙的维修保养是我在三十几年修复实践中，唯一一个完全不同于别的修复工艺的工程。修复工程正式启动以前，建筑师们对修复工艺的选择做了大量前期检索研究和现场小样实验。最后他们决定用一种特别的灰浆，以水泥加上一种从法国进口的研磨得极细的天然石灰石的混合物作为黏结剂，使用时加上大份量的清水，调和成一种很稀的灰浆汁，施工时要求把修补部位的几个面都打磨得平整光滑，尺寸严格遵照建筑师的要求，新旧石料间的接缝绝对不能大于 1 毫米。具体操作时要求将石料先用水湿透，切上稀薄的灰浆，快速地两面一合，利用镜面互吸原理吸在一起，牢不可分。这个工艺需要我们修复技工的高超操作技巧和训练有素的合作默契。工程结束后，建筑师们在行业年会上作了专题报告，发言稿刊登在 2007 年的年会简报上（The Restoration of the 5th Ave. Façade of the Metropolitan Museum of Art，APT BULLETIN: Journal of Preservation Technology, by Timothy Allanbrook and Kyle C. Normandin）

对于博物馆顶部神像的修补和重新雕刻，我在这次工程前的好几年就做过。我复制了神像的半张脸，那半张脸在某一个凌晨突然断裂，坠落在下面的台阶上。因为是凌晨，大石块从十多米高落下砸在台阶上，动静巨大，幸亏没砸到人，可是惊醒了马路对面大楼里的一位老太太。大都会美术博物馆的每项工程都要隔年打报告，审批预算，然后才开工。这是个突发事件，启动修复工程自然要排队。所以，一个月后，那位老太太仍不见博物馆有动作，一个电话拨到博物馆："怎么坏了还不修？是不是没钱？

图 94 《所有天使》楼梯修复中

图 95 喷水池前后比较

没钱我来出！”于是，这个任务就落到我和我的朋友的头上。这个头像位于博物馆正立面左边第一个内转角处。

大都会美术博物馆内的展厅也在不断调整。几年前，一楼的美洲馆地下新挖了一个库房，重新布展时对展品做了相应调整。有一座名为“所有天使”（All Angels）的讲经台，讲经台的十几阶石梯扶手部分雕刻着前呼后拥、拾阶而上的美丽天使们（图94）。这座天使石梯也是纽约上诉法院屋顶女儿墙上《和平》组雕的雕塑家卡尔·比特的作品。这座讲经台和石梯原来安置在展厅的西面，调整后被安置到展厅的东面，但是因为空间有限，去掉了其中一块雕了天使的扶手石板，这样一来，因为少了半根柱子，和后面一块就接不下去了。我们补上了那半根柱子，还修复了前面一位赶路的美女雕像缺失的左脚。像这样的修复讲究的是新旧部分浑然一体，比例尺寸、凿痕动态都要一致才好。

博物馆在二楼新开了一个中东穆斯林文化展厅，在摩纳哥装饰的展厅中央有一个直径约 1 米、高约半米的新雕刻的大理石喷水池。水池等分为 24 等份，以简约的莲花瓣装饰。为安装喷水的泵和维护保养，水池中央底部挖了一个直径 20 厘米的圆洞，但配上的大理石盖子完全不合缝。穆斯林展厅的负责人越看越不舒服，要我重做一个圆盖，要严丝合缝。这实际上是一个“不可能完成的任务”。因为不管怎么做，“缝”总是事实存在，这是个心理因素，已经挑剔了，不到完全消除，永远不会满意。于是我建议中间再做一个和喷水池相同风格的小盘，略大于圆洞，坐在圆洞上面，这样既解决了维护保养的需要，又增加了层次，美观大方，最关键的是从参观者的脑子里杜绝了那道绝对不应该有的“缝”（图 95）。

美洲自然历史博物馆花岗石外墙立面修复

从大都会美术博物馆往西，穿过中央公园，就是美洲自然历史博物馆（American Museum of Natural History）。和大都会博物馆不一样，美洲自然历史博物馆造在中央公园西面的马路对面，没有占用中央公园的土地（图 96）。美洲自然历史博物馆从 1869 年立项至二十世纪末，一直在不断扩张，有了钱，加一座小楼，再有了钱，再加一座小楼，没有一个总体规划和设计，到今天的规模，总共有 25 座各自独立的建筑组合在一起，按照建筑师的说法，是“不专业的、令人不满意地连接在一起（poorly connected）”，所以博物馆里面上下的楼梯、电梯、走廊都非常令人疲惫。博物馆的第一栋楼于 1874 年正式奠基，3 年以后落成开放，就是现在从一楼到四楼的“西北海岸的印第安人”展厅、“非洲人”展厅、“北美鸟类”

图 96 美洲自然历史博物馆外观

展厅和“脊椎进化史”展厅所使用的空间。第二栋楼是贴着第一栋楼南面造的“城堡”，这栋楼把第一栋楼的南面完全遮住了，直到今天仍然是博物馆的南大门。事实上第一栋楼四周都被后来造的房子挡住了，已经完全看不到了，1934 年又造了现在面对中央公园的东面正门。今天的美洲自然历史博物馆收藏有超过 3400 万种动物、植物、矿物、化石、石头、陨石、人类遗骨和人类文化遗存标本。2007 年，我们参与修复的就是南立面和相连接的西立面部分，就是第二栋“城堡”的南大门。大门立面属于大罗马复兴风格，外墙的建筑材料用的是“粉红色花岗石 (Pink Granite)”，尽管名称说“粉红色”，实际上是比较深的绛红色。我们做过的工程建筑物的外墙大都是石灰石、大理石和砂石，很少有使用花岗石的。石灰石和大理石从物理学上来说是同一种材料，大理石是石灰石加水加压而成，石灰石的硬度只有 3（莫氏硬度），大理石品种繁多，多在 5~6 之间，都是碳酸钙。大部分的大理石和石灰石都易于雕刻。而花岗岩是火成岩，由地底下的岩浆直接冷却而成，是酸性物质，硬度达到莫氏 7 级，不容易雕刻，加工时极费人工和工具，成本高昂。所以，很少有用花岗岩做外墙的建筑，造价太高，但是也有好处，因为花岗石的维护保养周期和寿命都比石灰石和大理石长不少。花岗石立面的建筑没有像别的石材（大理石，石灰石，沙石）立面那样由外而里的风化损坏，绝大部分的破损是出于以下三种情况：①石材本身的原因引起的开裂和破损。处理开裂，如果整体情况可以的话，一般会使用向裂缝里面注入液态环氧树脂的做法。这种方法要有耐心，很费人工。一个工人守在一条裂缝前面，使用一个注射器，慢慢往裂缝里注入环氧树脂胶，主旨是要把裂开的石头粘起来，把缝注满为止，可能会很久。缝大了，环氧树脂胶会从里面漏掉，并且环氧树脂胶还会很快硬结，但还是会注满的。②立面背后的金属结构锈蚀膨胀把立面推开裂。这种情况先要把此处的墙面打开，先处理金属结构生锈的问题，然后再处理外立面的修补，石材修复的方法是一样的。③安装辅助设备打孔造成的损坏，这种情况其实不在少数。遇到圆形修补的情况，一般做法是用圆圈钻在破损处打个孔，再用同一个圆圈钻在新材料上打一个孔，因为圆圈钻是空心的，外圈是孔的大小，内圈是新材料的直径，修补的结果是留下一个和圆圈钻一样厚度的胶的痕迹。我们能做到看不见这个圈，严丝合缝。自然历史博物馆的“城堡”部分的立面主要是以“自然裂面”花岗岩作为装饰，备料时的成本投入比较高。大多数花岗石是“机制”处理的，机器切割，排刀从石材表面滚过，留下大约每平方英寸 6 根密度的直排线条作为装饰。这种立面整体处理的花岗石建筑的表面会产生一种别的石材建筑上没有的损坏，即会在表面以下四五毫米处形成成片的均匀空间，也就是表层脱离，我暂且也把它称为是一种“风化”吧！这种情况发生的早期在建筑的表面看不出异样，时间长了空洞区域表面的颜色会有变化，逐渐变为“死色”，退去了色度，变得灰暗，呈咖啡色，用工具轻击会有明显空洞声，再发展下去，空洞区的表层会破掉，要是沿着破损的地方试图找到空洞的边缘，会发现几乎是“无休无止”，大得出乎想象。而且空洞里面有一个约四五毫米的相当深度的风化层。对于这种情况是怎么形成的？为什么会形成？为什么会集中在这个区域（外表面以下 5 毫米上下）？如何防止？专家们还没有一个统一明确的见解。我想，这种现象形成的主要因素一定是水分。但是为什么水分会均匀地停留在那个深度？为什么不直接从表面渗出？是因为年长日久石材表面细微毛孔受到堵塞吗？自然裂面的建筑表面就不存在这种情况。

图 97　美洲自然历史博物馆的修复部位和原材料完美融合在一起，这个工艺效果，纽约除了我们，没有第二个团队可以做到

花岗石建筑的修复对于我们来说，除了材料硬一点、重一点，多费一点人工和工具，其他和别的石材没有什么不一样。只是不同石材的建筑物外墙表面有着不同的处理方法和要求，工程一般都要求被修复部分的表面处理要满足整体的视觉效果，近看也要相似。不论是使用手动工具、电动工具还是气动工具，我们都能满足这个技术要求（图 97）。

洛克菲勒家族卡奎特别墅与花园修复

靠石油发家的老洛克菲勒家族在纽约上州和下州之间一个叫斯利比哈罗（Sleepy Hollow）的小镇里有一块占地偌大的不动产——卡奎特（Kykuit）。它位于哈德逊河谷 (Hudson Valley) 的东面，坐落在韦斯特切斯特 (Westchester) 地区的制高点上。在此极目四野，令人心旷神怡（图 98）。整块不动产占地 3400 英亩，按 1 英亩折 6 市亩算，等于 20400 市亩。家庭成员居住的主楼是一栋三层楼的大房子，坐西朝东，用石灰石和片石建造，外墙和屋顶饰以雕塑，有点文艺复兴和巴洛克混合的味道（图 99）。房子的式样、色调和装饰温馨、舒适、气派而又不显得过于奢华。主楼东北方向 200 米开外的坡下，有一座花岗石造的二层小楼，楼上是管家、仆人、司机的宿舍，楼下的前面一半是车库，后面一半是马厩。现在已经没有马了，但还有一股混合着马粪和草料的特殊气息。前面的车库里停放着一排古董老爷车，从底盘被架高离开了地面。驾驶室里深

图 98 别墅东面的坡地，不远处的哈德逊河安静流过，极目远眺，心旷神怡

图 99 洛克菲勒家族卡奎特别墅，具有文艺复兴和巴洛克的混合感

棕色的木质部件、真皮座椅、镀克罗米的饰条和黑色的车身一起在长命的钨丝电灯泡恋恋不舍的眷顾下，闪着幽幽亮光，一种老派绅士的感觉。老照片、老电影中那个带着高筒礼帽，穿着三件套燕尾服，手中握着“斯蒂克”的形象顿时浮现出来。主楼西北方向差不多 200 米开外的开阔地上，有一栋尖顶木结构的“娱乐房”，里面是年轻人的游戏场所，还有一个可以容纳 70 人同时观看演出的剧场。主楼从设计到落成花了 8 年，最初的设计风格和现在的娱乐房相似，当时造起来后主人不喜欢被推倒重建，1910 年正式竣工，庭院部分直到 1915 年才真正完成。据 1915 年的流水账显示，主楼和周围庭院的建造费用总共花去 2770603.16 美元，合今天的 7000 万美元，还不包括附属建筑的花费。其中主楼的造价是 1115555.23 美元，院子的造价是 1360413.19 美元。比较前后两个式样，我觉得现在的房子式样更切合他们的身份地位，他们是属于城市的，而城市是政治经济的舞台，是精英们施展浑身解数的地方。

庭院的设计师是崇尚自然主义的纽约中央公园的建筑师弗雷德里克·奥姆斯特德，他千方百计地要把人工堆砌的景观“变成上帝的作品”，没有人工的痕迹。如果有机会去参观，我们可以感受到整个庭院以主楼为中心，被设计为内外两圈，东面是正立面。出了正门顺石阶从南北两面而下，是一块和主楼占地面积相当的草地。草地被中间的一条车道分为两半，车道在主楼前面画了一个圆，车可以直接停在阶梯旁，方便乘客上下。车道有点窄，圆圈有点小，可能当年只为马车来去。车道两边的草地中各有一座几乎贴着地面的长方形喷水池。车道直直地通往正前方一座巨大的将近 8 米高的名为“海洋之神”的雕塑喷泉（图 100）。整个庭院的设计中，混合了欧洲、日本和中国的庭园设计风格，还加上设计师自己对大自

图 100 海洋之神大喷水池

然的理解。设计师根据主人的要求，在挨着主楼的内圈，从前庭顺时针往南，首先设计了一个日本风格的茶室和一个带喷泉的小花园，再过来是一个雕塑园，有序地排列着十多件尺寸不是很大的铸铜雕塑（图 101、图 102）。雕塑园中也有喷泉，潺潺流水顺着仔细规划的水渠流淌。设计师又在西南方向的树丛中造了一个圆亭，展示着一座真人大小的裸体维纳斯大理石雕像，据说，这是一件真正的罗马时代的古董。顺着斜坡，设计师安排了 3 层像中国梯田一样的台阶，最上面的步道是第一层，第二层大概低了 7 英尺，在这两层步道的两面错落地陈列着一些当代雕塑大师们的大作。在第二层步道的中间位置，设计师创作了一个类似壁龛的铸铜雕塑喷泉——一个怀抱大鹅的小女孩。壁龛是一个挖在墙里的半圆，里面从上到下布满了采自意大利的溶洞钟乳石，壁龛外面是一个半圆形喷水池，抱着鹅的小女孩站在圆心上，非常生动（图 103）。老洛克菲勒家

图 101 卡奎特别墅花园区雕塑目录，共计有 93 座雕塑

图 102 点缀在卡奎特别墅中的雕塑

图 103
抱鹅的小女孩喷水池，因为洞窟修复，小女孩雕塑被移走保管

似乎对中国人的风水学说有兴趣，至少相信水能来财。不算屋后的哈德逊河，他们这所房子的庭院里，大大小小共设计了 12 处喷泉。往左低几阶，于主楼的正西面平台上有一个用本地的砾石做墙面的游泳池，曾经是给小孩用的，不深。我有些为当年的小洛克菲勒们担心，这样粗糙的墙面很容易在他们细嫩的皮肤上制造伤痕。过了游泳池就是一个约 20 米的长廊和玫瑰园，玫瑰园近长廊的一面有一座两层的喷水池，顶上站着一个小男孩。玫瑰园由专业的花匠照拂，鲜花盛开的季节，不同品种的玫瑰争奇斗艳，浓烈的花香从打开的窗户涌入房间，沁人心脾。长廊应该是玫瑰园的组成部分。两层的喷水池是用一种白色和紫红色揉合在一起的大理石雕刻的，有点像我们时常享用的巧克力蛋糕。我注意到这种石材很受当年主人的喜爱，好几处重要的装饰都是使用这种石材。这种类型的（不是

单色的，而是两种或多种颜色夹杂的）大理石石材新的时候或用在室内很好看，但是用在室外就有一种先天缺陷：大理石中的不同颜色来自不同的矿物成分，不同的成分对相同的气候环境有不一样的收缩膨胀系数。因此，经年的日晒雨淋、冬暖夏凉使得大理石不同颜色之间互相剥离，产生无数裂缝，分布于整个表面和深处，几乎无法修复。玫瑰园的喷泉和其他几个地方都处于这个情况。

过了玫瑰园往东是唯一的出入车道，连着一个可以停七八辆车的小停车场，一般访客的车都停在这里。整个庭院内圈的设计借鉴了中国园林的设计风格，讲究取景，曲径通幽，过一道门有一个景，拐一个弯又是一个景，弯和弯不同，景和景有别。盘腿坐在主楼西面绿意盎然的坡地上，面向哈德逊河，深深吸上一口气，再缓缓吐出，自觉禅意满怀！

小洛克菲勒夫妇为新楼的内装潢绝对没有少花心思。所有的设计都有他们自己的品位和标准，历史学家称为“洛克菲勒品味”。写传记的道泽尔夫妇使用了一个英国人的字眼“卓越(quintessentially)”来强调洛克菲勒家的标准，它的特质是具有潜在的信念，所有在他们日常生活中的实实在在的道具，不局限于平常意义上“优秀”的含义，不单单“有用”“漂亮”“时髦”，同时应该是“优越的”。“卓越”在洛氏字典中总是被冠以了一个道德标准。

不似大多数富豪的住宅喜欢躲在树丛后面，他们的主楼周围没有大树，前方一望无际。主楼用花岗石打底，屹立在高坡顶端，雄视坡脚下流过的哈德逊河。几乎所有的房间都有极好的采光，尤其是位于顶层被小洛克菲勒视为办公室的空间。小洛克菲勒跑遍了整个欧洲搜罗喜爱的十八世纪英国和美国的古典家具或者复制品，甚至是书架上的书。价值连城的艺术品充实了新楼的 40 个房

图 104 亚当和夏娃大喷水池景点的石灰石柱修复。顶上的白色建筑就是《海洋之神》喷水池，正对着别墅的楼层

间。主管这个工程的小洛克菲勒酷爱中国的瓷器，尤其是屹立于艺术收藏工艺鉴赏水平顶端的汝窑器皿，他收集了一个完整系列，摆了一楼客厅整整一面墙。即使是为了一饱眼福，冲着这些难以集中在一个柜子里头的祖先留下的艺术瑰宝，专程去一趟也是值得的。小洛克菲勒的太太爱碧（Abby）酷爱当代艺术，西方近现代艺术家的油画雕塑当然不会在他们的收藏中失去地位。当时一些名家作品都是她做主收进来的。主楼地下室有个画廊，存放着大部分作品。雕塑中除了一些小件和特别珍贵的，绝大部分都散布在室外，围廊里、庭院中、草地上、树丛间，和环境相得益彰。

我们接连好几年都去维修一些损坏的部位，规模都不大。几次稍具规模的是：修补了主楼一层北面围廊，那里因为常年潮湿，结构内部铁质构件锈蚀，导致了石灰石梁大块破损；修补了前园几根大石柱上的破损（图 104）；修补了后院那个钟乳石的壁龛等。

我写这一节时参考了道泽尔夫妇（Mr. & Mrs. Dalzell）2007 年出版的传记著作《洛克菲勒家族造的房子》。卡奎特 1976 年被指定为国家历史名胜（National Historic Landmark）。从 1902 年买下这块地产的第一代老洛克菲勒开始，到 1991 年 12 月尼尔逊·洛克菲勒最终签字捐出这块土地以及土地上的一切附属品中的三分之一所有权为止，整整过了五代。我 1990 年到纽约的时候，洛克菲勒家族和华盛顿的国家信托基金（National Trust）间有关捐赠的谈判已经基本完成了，这场谈判一共进行了 15 年。1902 年老洛克菲勒看中这块土地时，只有区区 86 英亩，他为每亩地付出的代价是 2515.52 美元。如何设计、布局、建造、经营这 86 英亩土地，花费了两代洛克菲勒们的心血。那时建筑工人平均日薪才 1.5 美元，洛克菲勒付 2 美元。工地上几乎都是意大利来的新移民。听说二十世纪初意大利有一半人口移民到了美国，相比之下，按人口的百分比，现在我们中国人的移民规模要小得多了。

纽约从来不缺巨富。1902 年洛克菲勒家族从石油上赚取的利润足足有 5800 万美元之巨，相当于今天的 139200 万美元，那还只是一年的收入！巨富们的居所，别墅大多竭尽堂皇富丽之能事，为的就是要符合身份的气派。可是当这个神秘地址对外开放后，到来的一批批记者、建筑师、评论家和游客，都异口同声赞叹卡奎特别墅主建筑的内敛。道泽尔夫妇的研究认为，当年老洛克菲勒们曾经费了许多心思为主建筑的风格定位，经历了一个相对漫长的从炫富到道德升华的过程。他们似乎在动手设计之前就已经为将来历史学家的介入预留了空间，也可能为这个庞大的资产未来的去向预设了一个大气而有远见的出路——终有一天交还社会成为公共财产。事实上也是如此，随着家族的延续，成员的增长，全家福的取景框变得越来越大，一片人丁兴旺的景象，同时均分到每个成员头上的数字越来越小。到真正考虑捐献的时候，洛克菲勒家族的第五代已经根本无法负担庞大产业的维护费用。记得我们刚开始为他们工作时，就听说单单维护这块地产上的树木草地，每年的预算就已经达到 1500 万美元，还不算天文数字的地产税。

如今，这片土地当年的拥有者、设计者、建造者都已仙逝，相逢在另一个时空里。在那里，他们是谁？仍然是日进斗金的巨富和日赚 2 美元的意裔小工？这些都已经不重要。历史在延续，传统还要发扬。故人已逝，故居尚存。它和世界各地数以百万计的、不同时期、不同国家地区、不同民族、不同宗教留存下来的文化遗迹一起，汇入一条人类历史永无止境的河流，汇入浩瀚物种的海洋。作为一个古迹修复者，肩负着人类赋予的责任。在人工智能时代，或许还离不开我们——保护和延续人类文化遗产的修复师。

4

我们的修复工艺

OUR RESTORATION TECHNIC

人类文化遗产的重要性是各种文化长期相互影响的结果，具有普世价值，现实中根据其重要程度反映为四类：作为纪念物的古迹，风格式修复，现代保护，传统的延续性。纽约市的绝大多数古迹地标属于风格式修复、现代保护或传统的延续。这三种类型有着密切的内部联系，前文所述的那些建筑无一例外。

维护对象完整性是第一要务

修复的过程是一项高度专业化的行为，维护被保护对象的完整性是修复（conservation）过程极重要的一环。

“完整性 (integrity)”通常被定义为不可分割的、未破损的状态，以及材料的整体性、完整性和全体性。《威尼斯宪章》第八条对这一定义也有所体现：“作为古迹组成部分的雕塑、绘画或装饰不能随意移动，除非这是确保其保存的唯一方式。”在美国，完整性还用于证明遗产资源的重要性，尤其表现在 7 个方面，即位置、设计、环境、材料、工艺、情感和联系。在《世界遗产名录》中自然遗产的提名过程中，需要对遗产地的完整性进行各方面的检验，包括生态系统中的结构完整性、功能完整性和视觉完整性。

保持被维修对象的完整性，是我加入这一行业第一天起至今的绝对自觉选项，贯彻在所有被我修复的古迹建筑中。我们修复的绝大多数是建筑装饰，许多装饰破损以后，修复的部分应该和连结的原作保持完整，即材料的完整、原设计的完整和视觉的完整。这其中牵涉到新修复材料的使用。

我把我们的修复工作根据不同的装饰元素分为 5 个难度等级。第一等级是几乎没有难度的平面修复（图 105），却是修复工作最基本的工艺。第二等级是所有各种传世风格都具备的基本元素，由各种直线、曲线、弧度和双曲面组合而成的装饰（图 106）和一些简单的柱头，这些装饰大多机械地沿着建筑的垂直和水平走向，只要会使用直角尺和一把直径 10 厘米的金刚石切割电锯就可以搞定，不需要什么艺术细胞。第三个等级是各种不很复杂的装饰花边（图 107）。我不认为这是很困难的工作，因为这类花边一般很浅，而且简单重复，只要有足够耐心，都可以做出来，学起来也容易。第四等级是各种有动态感的动物、复杂的三维花卉装饰，应用在包括顶饰、底饰、花边和柯林斯柱头等处（图 108）。第五等级是各种人物雕塑（图 109）。人物雕塑不但要注意比例、骨骼、肌肉、年龄、动态、衣服，还有表情，以及所有这一切的综合效果，即原作者意图表达的主题和情感。要做到所有这一切，并不容易，最重要的是要牢牢记住：我们是搞修复，不是创作。修复受到工期和预算的制约，不能无限制地磨蹭。美国是一个讲究自我意识、强调自我表达的地方，在纽约如果你雇佣了当地土生土长的会做点雕刻的工人，问题就大了，工作中经常会听到类似“我是艺术家，我不愿意受到约束”的宣告。这些观念在自由创作时可以有，但如果是做工程或者做客户的定制件，就不得不受到一些制约，不然会闹出笑话。有一个专门做高端内装潢材料的公司，请一位女雕塑家做一个安在墙上的小型喷水池，约定好题材不受限制，自由发挥。交货那一天女雕塑家满怀兴奋地期待客户的欢呼跳跃，但打开包装以后，材料公司的人脸憋得通红，因为女雕塑家直接雕了一对丰满的乳房，两根水柱从乳头中射入面前的水池。我可以想象那个因为观念不同而哭笑不得的场景，结果当然是双方都不高兴。且不说这些所谓的艺术家到底

图 105 平面原材料修复照片

图 106 装饰条照片

图 107 装饰花边照片

图 108 柯林斯柱头植物装饰照片

图 109 人物雕塑照片

有多少斤两，而是无论他们做得多好都不适合做修复工作，因为他们过分强调自我，免不了在修复的成果中加入个人主观因素，而非忠于原作，最后往往以劳民伤财返工收场。我们在纽约市公共图书馆工程进行到第三年时，修复到东立面，也就是图书馆的正立面，因为工作量突然增大，经理公司除了每天问我是否能保证进度，还曾要求我找会雕塑的人来。我明确地告诉他们我不会去找“雕塑家”来做修复，因为他们没有效率。你催，他们会说：“我们是艺术家，不想被限制了，或是被催促了。”经理公司看看我，好像有怀疑。后来我从上海转了一圈回去，再见了那位当初问我的经理公司的人，他的第一句话就是：“陈，你知道吗？我们去问了那两个人（工地上别的公司的人），要给他们活，他们很高兴，但是当告诉他们完成时间，他们的回答完全和你讲的一样：‘我们是艺术家，不想受到限制。’”这样的例子屡见不鲜。所以，我对我的团队说：“你们做这个工作，需要用到你们的手艺，但是要忘记自己是艺术家。”

修复不是简单的以新换旧，尽可能保护原建筑才是根本目的。所以，可以保留的一定保留，可以不换的一定不换。公司成立初期，有一次我和朋友一起去修复洛克菲勒家别墅一楼围廊损坏的石灰石横梁。由于顶部渗水，局部常年潮湿，横梁里面的铁质连接件锈蚀膨胀，撑裂了包裹在外面的石灰石横梁。我们奉命将爆裂处修复，我很仔细地把受损部位挖出一个个长方形的受体，准备补上新的石灰石，然后再做表面处理。那位朋友不解地问我为什么要把受体部位处理得那么到位？他们的一贯做法是提着一把直径 10 英寸（25 厘米）的金刚砂锯片的切割机深深地切几刀，然后几大锤把它砸去，受体部位一般会留下一个大坑，他们就会用水泥抹平或者留空。这样做会快一点，而且因为这是在新修补的材料背后，在正面看不到。我们且不说这样做实际上是浪费时间，更不应该的是，这种行为对建筑物本身造成了人为的二次破坏。我们的目的是保护老建筑，保护原有的仍然健康的在起作用的结构和材料。相对深部的材料，绝不能轻易破坏换成水泥填充物，因为会降低结构的原有强度，造成隐患。这和我们保护古迹的宗旨不符。

修复中合理使用新材料

小心而果断地使用科学技术的成果是提高修复效率和质量的重要手段。二十世纪以来，科学技术的发展为各行各业都带来了巨大的进步，同样也在文化遗产的现代保护中得到了应用。早在1931年,关于文化遗产保护的国际专业会议雅典决议中曾建议“按照现代技术，明智地使用所有资源”。1932年，《意大利标准》中提议，“研究的结果必须应用到复杂和具体的行动中，包括对已毁结构的保护，要抛开个人偏好的、经验式的解决方式，严格遵从科学的路线 ”。《威尼斯宪章》中还申明，“历史建筑的保护和修复必须依靠所有能为建筑遗产研究和保护提供支持的科学和技术”，就是后人所称的“科学修复”。

我们的修复工作接触到大量的人物、花卉、动物和其他特殊形态的设计装饰。从第一天起，我就把保持画面的完整作为修复质量的首要考量。破损可能是随机的，但是修复必须要恢复画面的完整，这就考验修复师的审美水准。我很欣慰这正是联合国教科文组织对修复专家们的主要要求。新旧石料的颜色可能会有差异，但是不应该有新的明显缝隙的位置绝对不能有新的缝隙，不能把画面搞得支离破碎。因此，有别于传统灰浆的黏结新材料的使用就显得非常重要。环氧树脂胶的使用，使得“无接缝工艺”成为可能。我们的修复工作的高质量和环氧树脂胶的使用是分不开的。我们都知道，使用传统的灰浆一定有厚度，这个厚度在修补装饰部位时就会形成一条新的缝，不得不把本来完整的画面加以切割。如果把环氧树脂胶作为主要黏结剂，这种情况就完全可以避免。但在纽约的修复工程中，使用环氧树脂胶一直受到许多专业人士的排斥。因为我一直在纽约工作，只能叙述纽约的情况。

这种排斥心态生成的一大原因或许和早期（二十世纪六七十年代）英法地区的修复实例研究报告有关。报告指出，环氧树脂胶涂层硬结后会形成一层类似塑料的间隔膜，会造成“蒸气渗透性不足”，通俗解释，就是会阻断两面石头和石头之间的“呼吸”，特别会阻碍建筑物内面向外面散发湿气，结果会造成水汽以及热循环过度积累而加速那部分建筑材料的老化。但根据我 35 年的实践经验，我认为在实验室里做的针对性实验与现实工程中的检测结果是不一样的。现实工程中，需要我们修复的部位往往很小，绝大多数情况下是以平方英寸计算，最多是几个平方英尺，“汽”是可以绕着走的。即便是修复时结合面被百分之百涂满了环氧树脂胶，也不会妨碍整体上“汽”的散发。同时，我们也可以通过减少环氧树脂胶的遮盖面，实现“呼吸”功能。只要避免把结合面涂满，涂百分之七八十，留有间隙，保有空隙，就解决了“呼吸”的问题。因此，研究报告不应该成为拒绝使用环氧树脂胶的理由。我 35 年来经手修复的部位成千上万，没有一处发生过因为环氧树脂胶阻断了石材呼吸而造成修复部位周围加速损坏的情况，这种担心在实际应用中是多虑了。

环氧树脂胶硬结后，其硬度可能会超过某些石材，譬如石灰石和砂石，这也成了专家排斥的理由，他们唯恐两种材料因膨胀系数不一致而会导致脱落。我 35 年来的经验也没有发生过一件修复处脱落的情况。或许，一个类比可以解释这种情况：玻璃行业有时需要往玻璃表面涂膜，当涂层薄的时候，能和玻璃结合得相当紧密；而涂层厚了，反而容易脱落。我们在石材修补中使用环氧树脂胶也很类似，涂层不能太厚。我没有深究过具体原因，也没有看到任何有关的实验室报告，估计存在一种可能是一定厚度以后材料会积聚起收缩的内应力，使环氧树脂从物体表面剥落。

业内抵制环氧树脂胶还有一个理由，认为环氧树脂容易在紫外线照射下老化，因此一种奇特的折中工序被发明了：在环氧树脂胶接缝处接近表面的位置割开大约 1 厘米深的口子，然后用灰浆把缝填起来。理由有二：其一，防止紫外线对环氧树脂胶的直接损害；其二，环氧树脂胶的硬度大于旁边的石材，长久以后，接缝处会形成“鱼鳍”状突起，因此要事先预防这样的情况出现。我们不说这两个理由互相矛盾，只说把好好的接缝割开再填以灰浆就很莫名其妙。这好像是说，为了防止将来不确定的损坏，所以先造成损坏；与其让老天爷慢慢对古迹造成损坏，不如现在自己直接对古迹造成损坏。这样的理论出发点就很可笑。可悲的是，当某些技术人员要求施工单位照做的时候，不会受到质疑。再说，割开的缝非常明显，破坏了材料和视觉的完整。缝里填的灰浆几场风雨就被清扫了，不多久缝两边的石材会用比平面石材快数倍的速度风化，到下一个保养周期，这里可能就是一处必须要修复的部位了。上诉法庭工程开始时，有少数几个被修复的人物的补丁处应技术人员的要求做了那样的处理，破坏了雕像的整体感，看上去很别扭，被我发现后及时

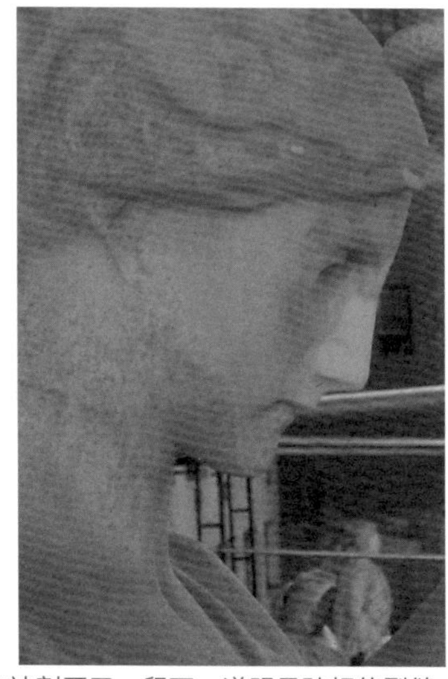

图 110 左图修补结合处被割开了，留下一道明显破相的裂缝；
右图女神的鼻子在修复后没有被割开，浑然一体

制止了。从照片中可以看到，被割开过的几处极其难看，而没有被重新割开的，显得浑然一体（图 110）。我专门为紫外线的问题请教过一位修复专家，他说紫外线损伤环氧树脂胶的情况不会在修复工作中出现，因为紫外线对环氧树脂胶造成损害的情况只有在表面是无色透明涂层时才会发生，而当我们用有颜色的环氧树脂胶，而且垂直夹在石材之间时，完全没有被损坏的外部“穿透”条件，所以，紫外线损坏的理由也不存在。

在使用天然石材作为建筑材料的历史建筑修复中，使用环氧树脂作为无接缝修复工艺的黏结剂的优势是明显的。“无接缝”意指没有因为修复而产生新的、有相当宽度需要遛缝处理的缝隙。

无接缝，是为了保持原作的完整。但是使用传统灰浆作为黏结材料就无法做到这一点。再者，使用环氧树脂作为黏结剂可以使补丁的结合处完全封闭，雨水不能从缝隙处灌入补丁深处，在内部造成损害，而在这一点上使用灰浆也无法保证。

我们的工艺基于使用环氧树脂胶作为黏结剂的明显好处还包括：比使用传统灰浆结合更牢固；缩短工期；保持修复面的视觉整体性；容易在修复面雕刻加工等。优势不容忽视。

关于“原材料修补”工艺

纽约地区的古迹修复行业的大部分建筑师、修复师和部分工程公司，都加入一个行业协会——国际修复保护技术协会（Association for Preservation Technology International Encompassing New England, New York State, and Northern New Jersey，APTNE）。每年协会在不同城市举行年会，协会的理事们是轮换的。有一次，我对一位理事说，我发现我的“原材料修复”工艺有四五个地方和书本上讲的不一样，我的比较好，希望有机会到年会上发言。不料他张大眼睛说：“你这是要挑战行业标准！”我哑然失笑。时代在前进，科学在发展，材料在改变，工艺就应该顺势而为。还有一次，因为看到建筑师在某工程招标书中对施工单位水准的要求还是沿用老的标准，我就问这位建筑师：“既然知道我们做得好，为什么不提高招标书中对施工单位的技术标准要求呢？”他说：“你知道吗？你们做得好，但是没有人可以做到像你们一样好。”我有点自吞苦果的味道。是的，要使整个修复行业的水准达到一个新的高度，光靠我们几个人是不行的，我决定把我们实践了几十年的有效经验公之于众，盼望能有实际效果。

在修复工程的设计中，建筑师们一般要求对超过 1 英寸深度的损坏部位使用“原材料修补（dutchman）”工艺，对小于 1 英寸深的损坏部位使用“灰浆补丁（patch）”工艺。我们是专门做“原材料修补”工艺的。在这里，我针对一般修复工作中的“原材料修补”，把我们的工艺作一个系统的详尽介绍。这个工艺就是我在前面的难度分级中的第一级，是基本功。

1. 清理需要修补的部位

在纽约，我们称这道工序为“demolition”或“preparation”，就是准备工作（图 111）。我的工人被要求严格按照设计尺寸操作，因为每一道工序都和整体质量有关。质量要从第一道工序开始把关：外框的切割线必须水平或者垂直，水平线和垂直线的夹角必须呈 90°直角，除非有特别要求。清理的空间深度一定要满足要求，底面至四角基本平整，具体是指整个底面至少百分之七十五以上处于一致的最高平面，允许有少量低洼，或者有意在平整的底面上做出一些网状的切割线，确保有足够的面积接受环氧树脂胶，以加强黏合效果。在切割四条边时，只要求切割线在建筑物表面的水平和垂直，同时要保持边角的干净利落，避免出现破损。这和操作人员的手势有直接关系。注意，切割四条边框时不要有意将切割锯片和墙面垂直，而是要把切割锯片稍微往“外”偏一点，造成接受空间口小底大，从而使补丁表面的接缝可以做到最小限度，因此表面的完整程度得以被最大程度保持。有一位做过木匠的朋友说，他明白这样的做法，因为木匠也有类似的工艺要求，做拼面、挖榫眼时，凿口略收，往下放大到原尺寸。但是这两种做法看似一样，目的却完全不同。木匠是利用木材的韧性，通过挤压，使得拼缝紧密；而石材是不能挤压的，我们这样做，是要保证表面口沿处密闭，又在受体内部为环氧树脂胶预留空间。1992 年，我陪来纽约旅行的父母亲去华盛顿参观，我们排着队从白宫鱼贯而出，看到一个工人在修补白宫外面的白大理石栏杆，小小的一块补丁，他反反复复用直角尺测量那个受体的面是否垂直。我对我父母亲说："他是在浪费时间。"

现在一般的"原材料修补"工艺，纽约地区的标准做法是不论墙上的破损有多深（浅），受体至少要挖 2 英寸深，很多时候破损只有 3/4 英寸或 1 英寸深，却还一定要挖那么深。我认为这样做有待商榷，基于两个理由：第一，挖去本该受到保护的原材料，有违保护宗旨；第二，实践证明环氧树脂胶是可以被信赖的新型黏合剂，只要使用得当，修补的结合部位不会造成不良后果，结合面的强度可以达到或超过石材本身，我的经验证明不会产生脱落。所以，建议受体不必要完全按照 2 英寸作为标准深度，可以根据破损部位的具体情况和大小灵活掌握，包括"灰浆修补"可以一并对待，一般半英寸深以上都可以使用"原材料修补"。这样做简化了工艺，提高了效率，还可能降低成本，特别是可以提高补丁处的完整度，而修复质量也得到一定提升。

2. 准备补丁材料

一般来说，作为补丁的材料都是建筑师根据建筑物的原始材料决定的，原则上是出产自同一矿区，甚至是同一矿场。新开采的石材总是比一百多年来风餐露宿、日晒雨淋、饱受汽车尾气之苦的墙面颜色要浅。任何石材，比如花岗石、大理石、砂石、石灰石，开采出来的同一块大荒料两端的颜色也会有差别。所以在外墙面修复过程中过分强调寻找颜色完全一样的补丁料，实在是勉为其难，吃力不讨好，适度即可。一座建筑用单一品种建材作为外墙色，其东西南北上下左右表面颜色有些不一致，补丁的颜色只要取其中间色，就一定可以满足整体要求。过分强调则矫枉过正。关于这一点，有很多实例。

补丁材料的尺寸和破损修补受体之间的关系，由被修补处在墙面位置不同而做不同处理（图 112）。不论是受体还是作为补丁的新材料，边和线都不能割成“弧”状，不然拼缝永远无法密闭。如果破损处是在一块墙面的中间，是一块封闭的补丁，四周都被无需修复的部分包围，不靠近任何砖缝，那么这块新的补丁材料的长度和宽度应尽量接近但还是略小于受体的尺寸。四条边之间的角度尽可能是完美的直角。补丁材料的厚度可以凸出墙面，但是绝对不能凹于墙面。保证这块补丁材料四条边之间的完美关系与受体的准备工作一样，是修复质量的保障。还有一种情况，是这块补丁位于墙面的边缘或砌缝，那么，在裁切补丁材料时，可以把尺寸稍微放大，但不要超过砌缝的宽度，待安装后再把多余部分切除。我们经常遇到一种情况，就是破损部位虽然处于墙面中间，四面被包围，但是有一面或两面相当靠近砌缝，建议把修补部位向砌缝扩大，做成一处与砌缝相连的补丁。这样做有几个好处：首先是降低了清理受体时的难度——原来是要认真对付四条边的，现在只要对付三条边或者两条边了；其次是安装时可以使用木楔，使得不应该有缝的几面密闭，提高了修补质量；最后是提高了视觉的完整度，由于事实上减少了补丁的边线，新的补丁不会像可以看到一个“岛”那样显眼。具体操作时，修复师面临一个抉择——是“尽量保护未受损的原材料（多切掉一点）”，还是“保持维修部位的完整度（少两条额外的修补线）”？这个时候就看操作人员的具体经验了，需要全面衡量作出决定。

3. 加固桩的数量

修复工作中最常用的加强桩材料是不锈钢。有的工程会要求特殊规格和形状的加固桩，但是最常见的形态是螺纹杆，不锈钢螺纹杆加固桩的直径和长度取决于具体的修补部位。早期教科书规范的要求是每隔 6 英寸安装一个加固桩，一个修补部位如果有 24 英寸宽，就必须安装不少于 3 根加固桩。我们的补丁，根据修复部位不同，只安装 1 ～ 2 根加固桩（图 113）。过去教科书上的规定是基于当时的实际情况，那时还没有环氧树脂胶，做“原材料修补”只有两种办法：要么把破损的部位连同周围的整块挖掉，从缝到缝；要么清除得够深，比如 10 厘米深，还是使用灰浆作为黏合剂。如果唯恐有的补丁不牢靠，就需要额外安装加固用的“桩”。操作人员会在补丁的表面往墙里打眼，每隔 6 英寸打一个眼，安装加固桩，再用灰浆把眼封住。在过去，加固桩的作用是显著的，某种程度上比灰浆更重要，是第一位的。当我们使用环氧树脂胶作为黏结剂后，其效率和可靠性远远大于灰浆类传统材料。我们经常使用的几种环氧树脂胶的黏合面的强度都超过原材料本身，以至于有反过来唯恐环氧树脂胶的强度过大而对原材料造成伤害的顾虑产生。这时候，加固桩就是次重要的额外保险。所以，没有必要使用很多加固桩。而且，我们做的是“埋入”的暗桩，补丁表面没有打孔，能提高修复的完整度。我的第一个项目用的就是这个工艺。

虽然我从 1986 年起就一直是这样做的，但是在多数情况下使用少量加固桩并不被认同，因为长期以来教科书上就是这样写的，我作为一个施工者自然没有资格去改变。1986 年在中央公园工作时，工人中有一个人不同意我的做法，他非要每 6 英寸安一个桩，那件工作他准备安 3 个桩。一会儿，老板过来问我：“那位朋友没法安装补丁，怎么办？”我说割掉中间那根桩就可以了。于是，问题就解决了。二十世纪九十年代，我有一位搞修复的专家朋友在纽约大学开了一门古迹建筑修复课，他要我为他的学生讲一堂校外课。那天来了 6 个学生，大部分是女生，只有一名男生。那名男生问了我一个问题，到底要用多少加固桩？我说一到两个。我的朋友马上纠正我，必须要每 6 英寸一个，我当然不能反驳。一直到 10 年以后，他那时候在哥伦比亚大学上同样的课，特地带着整个班二十几个学生到我的工作室又上了一堂同样的课，这次，是他自己对学生讲，只要用一到两个加固桩就行了。我意识到，他是用这种方法向我表示认可。我还是很感动的，尽管已是 10 年以后。材料变化了，工艺也要跟着改进。

4. 为加固桩打眼

受体和补丁材料准备好以后，需要在黏合面向补丁和受体的底面各打一个孔用以安装不锈钢螺纹杆加固桩（图 114）。两面孔的深度加在一起略大于加强杆的长度。在新的补丁材料上，孔的深度不要超过石料的一半。如果补丁的尺寸不大，可以考虑不使用加固桩。孔的直径比螺纹杆的直径大一级为好。举个例子，补丁尺寸为 9 英寸宽、6 英寸高、2 英寸深，使用 3/8 英寸直径、3 英寸长的不锈钢螺纹杆为加强桩一个，孔的位置打在补丁正中，半英寸直径。孔的深度，在新料上为 1 英寸深，在受体底面上为略大于 2 英寸深。除非是特殊情况，我不建议把加固桩先安装在一面，不管是新料一面还是受体一面，不建议把位置定死了再安装补丁。因为这样做增加了操作的难度，延长了工序的时间，反而容易发生错误，造成不必要的返工。教科书上要求把孔的直径打得和螺纹杆的直径一样，有意识地使螺纹杆在孔里几乎没有活动余地，还要把螺纹杆的一端先固定死。这样做凭空给操作增加了不必要的麻烦，因为操作者必须非常准确地把两面的洞打在同一个位置，稍有偏差，就无法安装，只能取下来重新来过。我们打眼一般比孔径大 1/8 英寸到 1/4 英寸，因此打眼的时候不用花费很多时间，不求绝对正确，只要基本正确，这里就省下了很多时间。安装的时候，把不锈钢螺纹杆同时放入，因为孔比较大，螺纹杆在里面有相当的活动余地，不会发生因为孔小而造成的意外，会很顺利。尤其是当我们同时使用两根加固桩时，这个办法会相当好用。加固桩安装到位了，整个补丁就会严丝合缝。而且，工程中没有必要在每一个补丁上一定要使用加固桩。面朝上的补丁没必要使用加固桩，尺寸小的、薄的也用不着加固桩。

5. 上环氧树脂胶，安装

通常，所有准备工作完成后，就要上环氧树脂胶（图 115）。为了保险起见，最好在上胶前先试装一下，我们也叫“干装（dry set）”，确认一切无误，再向结合面涂抹环氧树脂胶。我们常用的是两种膏状的环氧树脂胶，一种是“石头对石头”的，一种是“石头对金属”的。“石头对金属”的仅用在安装加强桩时，这种胶只用在内面，外面看不见，所以颜色不重要。用会从石材表面暴露的胶时就要注意选择颜色。面对不同的墙面材质和表面处理，对环氧树脂胶的选择也有区别。如果墙面材料是石灰石砂石和花岗石的，使用的环氧树脂胶里面最好掺有细沙，尽管只是一道细线，不掺沙的胶在某个角度会有反光，除非这道拼缝极细，从视线里可以被忽略。而大理石墙面的修复就应该使用细腻的没有细沙的胶。往补丁的两个结合面抹胶，主要是加强桩的孔和四边四角，不要使表面接缝处留有空隙，要完全密封。注意不要在结合部位抹太多胶，会影响安装。从缝里挤出来的胶不要马上试图清除，等胶接近干结时才清除为上。面对三条边和两条边的补丁时就比较简单，原来是砌缝的面不要上胶，打上一个木楔，轻轻地挤一挤，把多余的胶挤出来就好了，可以做到基本没有缝。总体来说，胶不要上得太多，能够占总面积的 50% ～ 75% 就可以了，除了补丁表面的几条缝必须要密封以外，内面胶的涂抹顺序以垂直为好。

在修复工程中使用环氧树脂胶作为黏合剂的修补工艺的关键是：第一，清理修补部位时不能在内部留下大的空隙；第二，新的补丁材料和建筑之间的接缝必须密闭；第三，环氧树脂胶不能用得过多，涂层不能过厚。如能做到这三点，修补质量一般不会太差。

6. 最后修整

只要等环氧树脂胶完全干结，就可以做最后的表面修整（图116）。除了使用打磨机清除多余的补丁材料和挤出来的环氧树脂胶，还可以进行雕刻。这是比使用灰浆有绝对优势的地方。如果使用灰浆，要等待两三个礼拜灰浆理论上完全硬结达到设计强度以后方可以雕刻，而工程中并没有可能去等两三个礼拜再回过来收尾，一般第二天就回去做收尾了。雕刻会引起震动，小补丁本身的质量不足以抵消震动，灰浆的接缝很容易被震开。虽然有的工程建筑师会要求在石材和石材之间使用灰浆，加强桩使用环氧树脂胶，雕刻时灰浆还是会被震开，下雨时雨水就有可能侵入，我们遇到过这种情况。因为自然和人为原因，建筑的表面有各种不同的表面处理，修复师就要设法复制出效果。

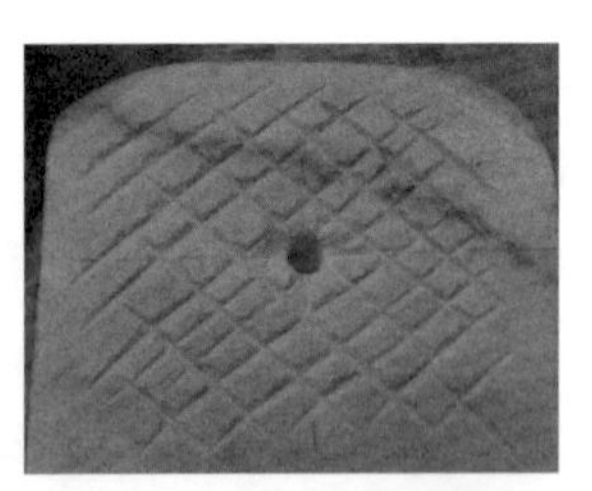

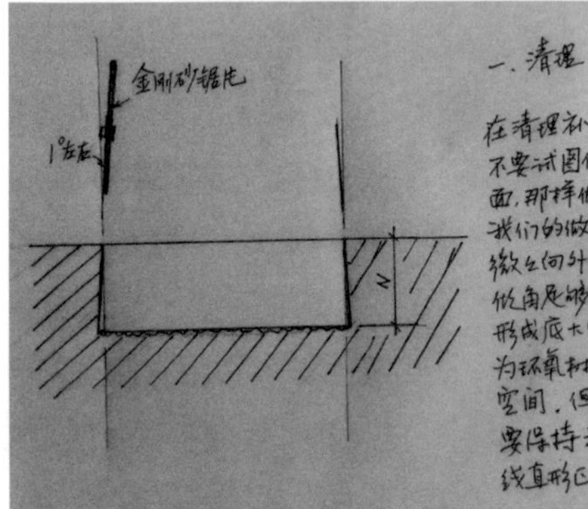

图 111 清理手绘解说

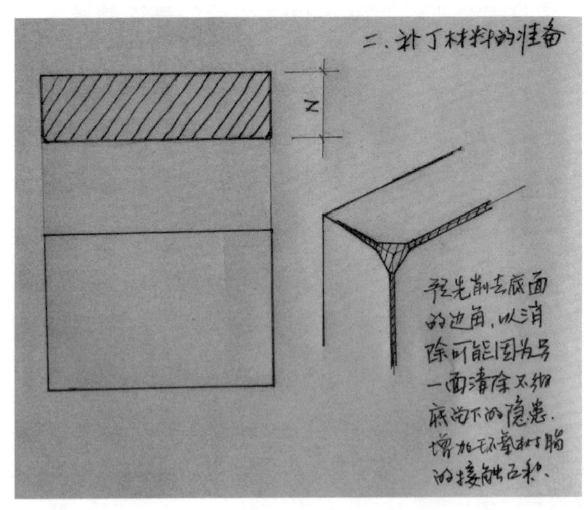

图 112 准备补丁材料

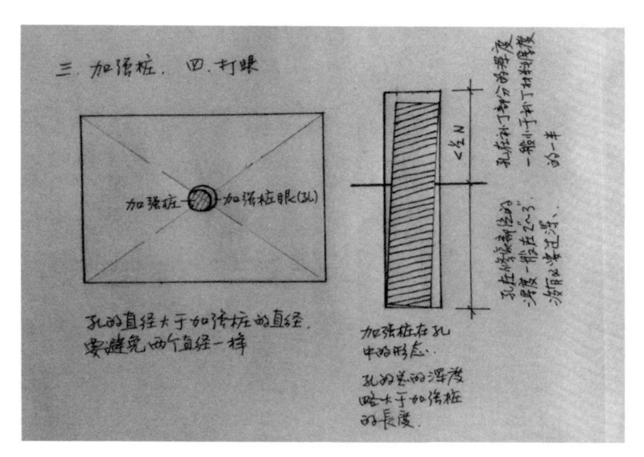

图 113 加固桩

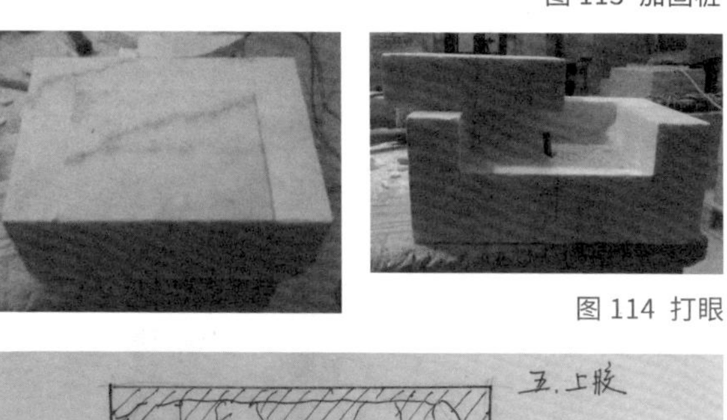

图 114 打眼

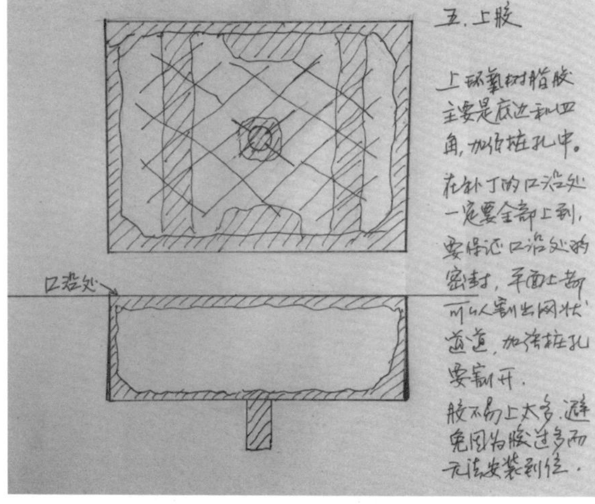

图 114 上环氧树脂胶安装

图 116 几种常见的表面处理

图 117
一栋在曼彻斯特的建筑修复采用了灰浆修复工艺破坏了“完整性”

题外话：灰浆补丁

灰浆补丁不是我的主题，因为灰浆补丁工艺在纽约的修复中使用相当广泛，因此作一些简单介绍。灰浆补丁工艺现在大多用于破损部位深度不超过 1 英寸的修复。具体步骤是：

1. 清理工作面。把破损部位的底面和边缘用手工凿子或机器修整，将边缘取直，底面基本取平，要求清除风化部分直到显露健康的石材。

2. 如果深度比较大，考虑使用不锈钢加固桩的方法，然后用不锈钢丝在加固桩之间缠绕，好比扎钢筋。

3. 使用灰浆。如果破损不大，上一遍灰浆就可以了；如果破损比较大，就可能上 2 ～ 3 遍灰浆。

4. 做表面处理，这个过程一般需要两天。

环氧树脂胶进入修复工艺之前，灰浆补丁曾经是主要的修复手段，室内室外的修复都使用，有的还是相当大规模的工程。现在，有的修复设计人员还是中意灰浆补丁工艺在外墙修复。尽管成本比较低，但由于寿命很短，往往同一处会重复修补，结果反而是增加了修复成本。

不论是视觉的整体效果，还是修复寿命、远期成本，我们做外墙修复的原材料修复工艺都远优于灰浆补丁工艺，并且工艺简单，周期短，性价比高。我们做修复不能只为了美容效果，不能仅仅是一个表面工程，不应该留下隐患。经过修复的部位应该使“整体的老化过程以传统的方式继续下去（《威尼斯宪章》）”，至少不比周围的部位脆弱，不会在下一轮的大保养时仍要投入不必要的人力物力。这一点，过去不容易办到，现在，如果我们使用灰浆补丁，使用繁琐的灰浆加不锈钢加强桩工艺也不容易办到。

2014 年，我在英国曼彻斯特拍了一栋古迹照片。因为用的是灰浆修补工艺，可以明显地从补丁灰浆的颜色中看到在并不长久的年份里，在同一个地方的多次修补（图 117）。所以可以推断：多次灰浆修补的累积费用一定不低；由于数次修补的区域略有不同，加上灰浆和残存石材的对比，以致这个区域的“完整性”不复存在。

但是，如果我们使用环氧树脂胶就可以达到这个目的。我工作至今 35 年的项目中，凡是用环氧树脂胶作为黏合剂的还没有发生一例在原黏合面脱落的，也没有一例是因为使用了环氧树脂胶而造成修补部位加速损坏的（图 118）。

我还没有遇到过必须要完全使用失传的古老工艺对某古迹遗址修复，比如中国的古老城墙。一次，一位搞修复的美国朋友转发给我一篇从中文翻译过来的文章，介绍如何制作糯米石灰浆代替普通灰浆修复城墙。我也是第一次看到具体的配比和制作方法。在芬兰曾经有完全使用失传的手工工艺修复一座建于 1689 年的古老木质教堂。这种例子不多，只有遇到此古迹对历史的真实性和传统的延续具有特殊意义时才会如此不惜工本。

图 118 1985 年中央公园修复采用了环氧树脂胶，今年仍保持了“完整性”

砖砌建筑的修复

我们没有参与大规模的砖砌建筑的修复，只做过局部的小规模的修补工作。根据我的理解，在砖砌建筑修复中必不可少的步骤是整体墙面清洁和重新勾砖缝。墙面清洁可以用低酸性的专用清洁液和低水压的自来水冲洗。所有的古迹建筑的清洗都禁止使用高压水流。一经清洗，马上焕发，原貌就出来了。勾砖缝是割开老砖缝至少 1 厘米深，使用新的灰浆填满。美国没有像中国那样使用糯米浆的砖砌建筑，新砖缝一般都强过老砖缝。割老砖缝的时候要很小心，不能割伤了墙砖。我们是这样操作的：切割片割在砖缝的中间，然后再很小心地用小平凿把割缝两边的灰浆剔掉，保证不会损伤墙砖。可以想象清洁以后的砖墙面会很接近建筑物的本来面貌。

历史砖砌建筑的修复，首先应避免使用墙面涂料。事实上在石质建筑上也是一样。根据几十年反复的修复实践，纽约的建筑师们发现上了涂料的墙面（无论砖或石）损坏的速度比没有上涂料的墙面要快，尽管在上一次修复中上涂料是为了更好地起到保护作用。过去的防水涂层像一层薄薄的塑料，防水进去，也防水出来，闷在那里反而闷坏了。而且，上了防水涂层以后，墙面颜色会变得深一点。后来逐步不使用防水涂层。再后来又出现了水基的防水涂料，水进不去，但是能透气出来，涂了以后，墙面不变色。其次，要避免使用比原材料强度更高的材料修补破损墙面。比如，不使用普通水泥直接修补砖墙、石灰石、大理石和砂石的墙，如果确有不得不的理由，应该改变水泥和沙的配比，降低强度。我们用的普通水泥和沙的配比是 1 ：3，一份水泥三份沙，干结后强度超过砖、大理石、石灰石和沙石，如果用在这些建筑的溜缝上，这个配比可以改为 1 ∶ 4 或 1 ∶ 5，也可以用 1 ∶ 1 ∶ 4，一份水泥，一份石灰，四份沙。但是石灰须慎用，因为有时会从灰浆中析出，造成墙面污染。有时没有使用石灰也会有白色灰水从砖缝中渗出，我看到过有一篇文章说可能商人用海沙冒充河沙，海沙里面有盐分，会有盐分析出。不知道读者中有没有经历的。只有在花岗石的建筑上溜缝可以直接使用普通配比。尽量不使用普通水泥做直接修补，尤其是砖墙，用水泥抹平，再画上线，是一定通不过专业委员会审查的。再次，避免直接使用新砖，有的是为古迹修复特制的新砖另当别论。一般是局部破损，只需要局部修补。基本要求是使用旧的墙砖把破损砖块替换下来，有时候会花很多时间去找旧砖，还要色调相当。如果只是小规模的，可以把破损的旧砖很小心地挖出来，然后翻一面使用，但很费时间。再实在有需要，还可以在破损位置附近挖几块完整的砖出来，一剖两半，把破损补上，里面一半可以用新砖处理，但是外面一半是完全一样的老砖，色调肯定一致。我有一种挖墙砖的专用机器，相当好用（图 119）。

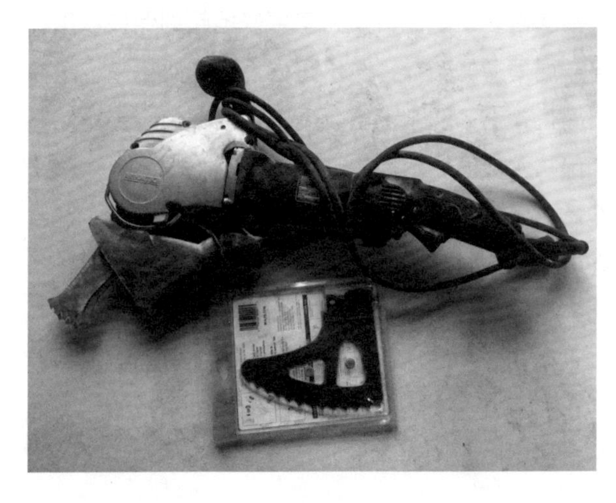

图 119 砖缝机

5

一些心得

SOME THOUGHTS

做好这一行，不光是熟能生巧，更需要心灵手巧。心灵，就是一看就明白，一点就通，立马就知道怎么去做，不明白就向前辈虚心求教；手巧，就是要会合理使用手边的普通工具，掌握工具所有的性能，机器也是需要被“理解”的。只有完全理解了你的工具，才能使这些工具发挥出超常的性能，制作出你渴望的“生命”。

我们的工作不是简单的“修房子”，而是有相当高的工艺要求，因此对修复师的期望也远高于一般的建筑工人。熟练掌握使用各种基本工具，从传统手工工具到简单的电动、气动工具，自然是第一要求。进一步，需要能够使用简单的工具完成相对复杂的工作。还要熟悉和学习使用各种修复材料，偶尔还会用到传统的配方或专用的配方，新的科研成果往往使得修复工作事半功倍。

修复人员必须对被修复的对象有清醒的认知，对其所属建筑有全局观念，切忌只是专注于局部，专注于需要维修的部分。要能够根据实际情况选择最合适的修复工艺和流程，繁简有度，恰到好处，即所谓的“修旧如故”。而这个“修旧如故”不是简单的做旧仿古，其中有一个细微又十分明了的界限——“度”。这个“度”的掌握分寸绝对和修复师的实践经验紧密关联，有点像经验丰富的古董鉴定师，凭本能去感觉那个气场，要看得顺眼。修复师应该谦卑地拜原作的工匠艺术家为师，向先贤们讨教，只有使自己身处其境，如福尔摩斯一样模拟原作艺术家的心态和创作环境，才能得到一种放手的自由。只要我们足够谦虚，先贤们会十分乐意告诉你你想知道的事情，传授他们的心得。修复工作之所以打动我，是因为永远处在学习之中，每个工程都能学到新的东西。不论是创作还是修复，都要有的放矢，虽然很难做到完全没有“假动作”，但是一定要知道什么时候收手。我们经常有这样的经验：创作一幅画或一件雕塑，在某个环节感觉很好，但是觉得没有达到自己的创作意图，于是不断加工，最后却不忍卒睹。追根究底，艺术修养欠缺是过分加工的根源。

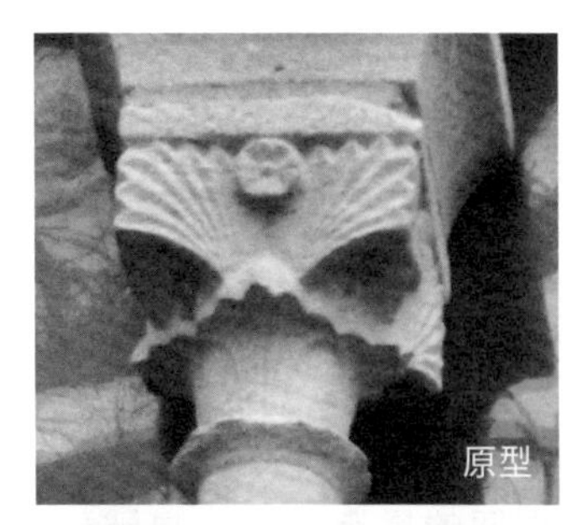

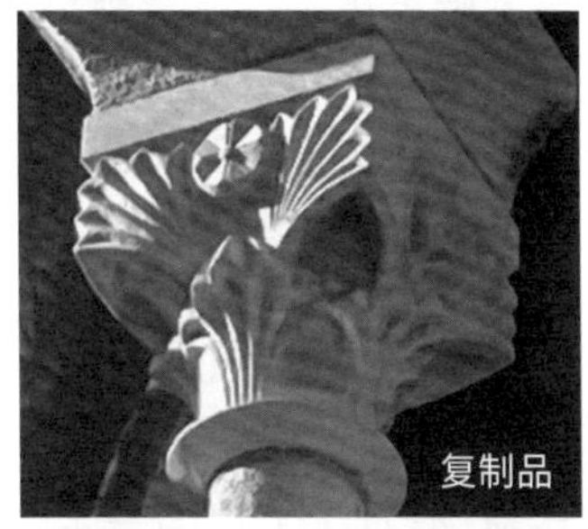

由于古迹原作的不可替代性，博物馆有时会对某件常年暴露在室外而又需要保护的年代久远的展品加以复制，替代原件展出。我们也曾经复制过展品，按照原样雕刻出来。大多数人会按照原尺寸很仔细地使用电动工具做外形，然后再（或许）使用手工工具雕琢细部，最后做旧。

我的做法有些微不同，首先把自己放到当时雕刻师的环境中，想象他的工作态度，体会他的熟练程度，使用的工具和处理手法，然后才动手（图 120）。如果我们定下心来，一定可以从雕刻品表面的痕迹看到运动中的工具、把握工具的手、热烈的双眼以及兴奋的情感。这些痕迹在大师的铸铜雕塑上更加明显。

图 120 修道院博物馆复制的小柱头

有一次，我在大都会博物馆看到罗丹的《地狱之门》，对着大师留在泥塑原稿上的拇指的舞动轨迹激动不已。石雕也是一样的。没有那些大师们的热情，不会有我们今天看到的杰作。对比前辈，我甚至觉得今天的我们退化了，没有了当年雕刻师傅们的热情，只剩下机械的制作。我们复制的时候，复制件的基本大形参照原件，使用电动工具去掉多余的部分，这是掌握现代工具的好处。重要的是用手工工具雕琢细部直到符合原件的尺寸，做出最后的效果。一定要弄清楚当时的创作环境，才能做出好的复制品。从工艺层面上讲，复制比创作要难，要求雕刻师多一个揣摩的过程，揣摩心态，揣摩手法，逐渐推进。创作是做到哪里是哪里，随心所欲，心到手到。复制是一个机械的技术过程，不能随心所欲。对原作的放大，为了忠于原作，可能会多一个步骤: 雕塑家如罗丹、亨利·摩尔，工作中一定会使用带齿的工具，放大时应将类似的工具也按比例放大，方能做出最贴切的效果。可悲的是，工具可以复制，原始的热情却无法复制。

人们在观赏一个物件时，习惯上是由远而近，最先入眼的是这个物件的外形。机器处理的外形线条齐整，不论我们在一个平面上的凿痕多寡，各处凿痕的高点一定是在同一个平面上，而手工处理的平面高点不容易落在同一个平面上，看起来就是所谓的“自然”一点，不那么“机械”，视觉效果不会显得那么刻意。为什么中国的庭院设计比欧洲的、日本的看起来自然？关键就在这“错落有致”中。复制的外形表面也要有这个味道，只是程度不同。这就是“宏观成型，微观制器，大处着眼，小处着手”。

要使建筑物上经过修复的艺术装饰达到原设计的效果，工艺的合理性至关重要。前期的工艺处理正确了，后续的工艺就顺风顺水。我们工作中经常会非常在意某一道工序所花的时间，而忽略了它的合理性。不论这些工作从头到尾是由同一个人完成的还是由一个团队完成的，对于每一道工序的合理性的关注往往比其他考虑都多。但事实是不一定每一道工序用了最少的时间就是合理的。有时候在某一道工序上多花了一点时间，却因此为后续工序开了方便之门，抑或排除了后续工序中可能存在的隐患而保证了整个工程的质量和工期。因此，合理性，意味着必要性，意味着承上启下，意味着综合的最高效率，当然就意味着最佳效果。

一般来说，建筑装饰的雕塑手法和我们近距离观赏的“纯”艺术的雕塑手法是有区别的。修复师必须具备三维空间的感知能力，要能在二维空间的照片和图纸所呈现的形象上感知到第三维空间，即深度。因为深度产生阴影，不同灰度的阴影产生对应的三维空间的视觉认知，因此，光影的流动才能创造出美妙的艺术效果。修复师一定要在看到照片或图纸时就对被修复对象的雕塑深度有基本的概念。换言之，如果一个修复师不能分辨装饰雕塑的深度对其直观效果的影响，那就是不合格的。如果我们有心去观摩一些纽约市知名的古迹建筑的装饰，会发现大块面处理明暗关系是很好用又很常用的手法，譬如纽约的大都会美术博物馆和布鲁克林美术博物馆。

做修复工作，质量和工期固然重要，但是最重要的应该是安全。工具是电动的，经常又应用在脚手架上的施工中，很容易出事故。人出了事故，做得再好也是白搭。因此，我们有一个口号，“S.Q.S.”，是“安全（Safety），Quality（质量），Schedule（工期）”的第一个字母，比国际通用的紧急呼救电码“S.O.S.”多了一条小尾巴。35 年来，我们有完美的安全记录。

曾有一位建筑师问我："在纽约的修复行业中，认为自己排在第几位？"我略一思索，说是第二位。他又问："那么你认为第一位是谁？"我说："还没见到。"浸淫在这个行当里35年，从第一个工作日到今天，我没有遇到过无法对付的难题，没有对任何一个工程感觉为难。但是，世界这么大，谁知道呢？山外有山，楼外有楼。我真正希望自己有机会参与更具挑战性的工程，"榨一榨"自己，尽自己的力，力所能及地做到最好。人最能出成就的事是做自己的天性本能驱使自己去做的事。就此而论，我应该是运气比较好的。

修复建筑实景

1. 纽约大都会博物馆
2. 纽约市公共图书馆杰佛逊市场分馆
3. 林德豪斯特别墅
4. 犹太人美术博物馆
5. 圣三大教堂
6.Central Presbyterian Church

雕塑作品

1. 雕塑《家》
2. 雕塑《下棋》
3. 雕塑《儿时》
4. 浮雕《拳击》
5. 雕塑《爱》
6. 雕塑《摔跤》